essentials

essentials liefern aktuelles Wissen in konzentrierter Form. Die Essenz dessen, worauf es als „State-of-the-Art" in der gegenwärtigen Fachdiskussion oder in der Praxis ankommt. *essentials* informieren schnell, unkompliziert und verständlich

- als Einführung in ein aktuelles Thema aus Ihrem Fachgebiet
- als Einstieg in ein für Sie noch unbekanntes Themenfeld
- als Einblick, um zum Thema mitreden zu können

Die Bücher in elektronischer und gedruckter Form bringen das Expertenwissen von Springer-Fachautoren kompakt zur Darstellung. Sie sind besonders für die Nutzung als eBook auf Tablet-PCs, eBook-Readern und Smartphones geeignet. *essentials:* Wissensbausteine aus den Wirtschafts-, Sozial- und Geisteswissenschaften, aus Technik und Naturwissenschaften sowie aus Medizin, Psychologie und Gesundheitsberufen. Von renommierten Autoren aller Springer-Verlagsmarken.

Weitere Bände in der Reihe http://www.springer.com/series/13088

Thomas Bauer · Lisa Hefendehl-Hebeker

Mathematikstudium für das Lehramt an Gymnasien

Anforderungen, Ziele und Ansätze zur Gestaltung

Thomas Bauer
Marburg, Deutschland

Lisa Hefendehl-Hebeker
Essen, Deutschland

ISSN 2197-6708 ISSN 2197-6716 (electronic)
essentials
ISBN 978-3-658-26681-3 ISBN 978-3-658-26682-0 (eBook)
https://doi.org/10.1007/978-3-658-26682-0

Die Deutsche Nationalbibliothek verzeichnet diese Publikation in der Deutschen Nationalbibliografie; detaillierte bibliografische Daten sind im Internet über http://dnb.d-nb.de abrufbar.

Springer Spektrum

Springer Spektrum ist ein Imprint der eingetragenen Gesellschaft Springer Fachmedien Wiesbaden GmbH und ist ein Teil von Springer Nature
Die Anschrift der Gesellschaft ist: Abraham-Lincoln-Str. 46, 65189 Wiesbaden, Germany

Was Sie in diesem *essential* finden können

- Eine Bestandsaufnahme zu den vielfältigen, zum Teil gegensätzlichen Herausforderungen des gymnasialen Lehramtsstudiums im Fach Mathematik
- Entwicklung von Zielvorstellungen zu dieser Situation auf der Basis eines Stufenmodells
- Ansätze für einen konstruktiven Umgang mit den bestehenden Herausforderungen
- Wege, wie die Lehramtsausbildung den unterschiedlichen Fachkulturen in Schule und Hochschule bewusst Rechnung tragen und Brückenschläge in beide Richtungen vornehmen kann

Vorwort

Das gymnasiale Lehramtsstudium im Fach Mathematik unterliegt vielfältigen, zum Teil gegensätzlichen Anforderungen: Die Studierenden sollen Anschluss an die aktuellen Standards des Faches finden und zugleich Sensibilität für die Genese mathematischen Denkens entwickeln, sie sollen sich in systematisch aufgebauten formalisierten Theorien zurechtfinden und zugleich elementare Ansatzpunkte für die Vermittlung grundlegender Ideen kennen, sie sollen fachliches Selbstbewusstsein und zugleich Einfühlungsvermögen für Lernende erwerben. Diesen widerstreitenden Anforderungen gerecht zu werden ist eine besondere Herausforderung an die Gestaltung der Studiengänge. Erschwerend kommt hinzu, dass die fachlichen Studienanteile des Lehramtsstudiums zunehmend knapp bemessen werden, weil mehr Raum für die Vorbereitung auf komplexer werdende pädagogische Anforderungen des Lehrberufes geschaffen wird.

Dieses Buch möchte zu diesem Problemkreis eine Bestandsaufnahme skizzieren, wünschenswerte Zielvorstellungen entwickeln und Ansätze für einen konstruktiven Umgang mit den bestehenden Herausforderungen vorstellen. Dabei werden Wege aufgezeigt, wie die Lehramtsausbildung den unterschiedlichen Fachkulturen in Schule und Hochschule bewusst Rechnung tragen und Brückenschläge in beide Richtungen vornehmen kann. Die Autoren hoffen, mit diesen Überlegungen eine möglichst lebendige Diskussion über eine von vielen Beteiligten als unbefriedigend empfundene Situation anzustoßen und weitere Initiativen zur Überwindung anzuregen.

Die Überlegungen entstanden als Ausarbeitung eines Tandem-Hauptvortrages gleichen Titels, den die Autoren auf der 3. Gemeinsamen Jahrestagung der Deutschen Mathematiker-Vereinigung (DMV) und der Gesellschaft für Didaktik der Mathematik (GDM) vom 5. bis 9. März 2018 in Paderborn gehalten haben (siehe Bauer und Hefendehl 2018). Dem wissenschaftlichen Organisationsteam der Tagung sei an dieser Stelle für die Einladung nochmals herzlich gedankt. Ein besonderer Dank gebührt auch Frau Ulrike Schmickler-Hirzebruch vom Springer-Verlag dafür, dass sie uns zur Ausarbeitung des Vortrages ermuntert und die Publikation an dieser Stelle angeregt hat.

Marburg und Essen
im März 2019

Thomas Bauer
Lisa Hefendehl-Hebeker

Inhaltsverzeichnis

Das gymnasiale Lehramtsstudium – Grundprobleme 1

Seit internationale Vergleichsstudien die Frage nach der Qualität des Mathematikunterrichts ins Bewusstsein der Öffentlichkeit gehoben haben, ist auch das Lehramtsstudium im Fach Mathematik verstärkt in die Diskussion geraten. Für das gymnasiale Lehramtsstudium, auf das wir unsere Ausführungen zentrieren, sehen wir idealtypisch drei Problemkreise. Da sind zunächst die zeitlos invarianten, durch die Natur des Faches Mathematik bedingten Schwierigkeiten des Lehramtsstudiums, die wir im Folgenden als Grundprobleme bezeichnen. Hinzu kommen aktuelle Problemverschärfungen, die durch gesellschaftliche und bildungspolitische Wirkungsfaktoren bedingt sind. Die so entstandenen Spannungsfelder werfen schließlich mit zunehmender Dringlichkeit die Frage nach geeigneten Problemlösungen auf.

1.1 Grundprobleme

Schulmathematik und Hochschulmathematik bewegen sich auf unterschiedlichen Stufen der Wissensbildung, die verschiedenen Stadien in der Genese des Faches angehören:

> Die Mathematik ist ein Organ der Erkenntnis und eine unendliche Verfeinerung der Sprache. Sie erhebt sich aus der gewöhnlichen Sprache und Vorstellungswelt wie eine Pflanze aus dem Erdreich, und ihre Wurzeln sind Zahlen und einfache räumliche Vorstellungen […] Wir wissen nicht, welcher Inhalt die Mathematik als die ihm allein angemessene Sprache verlangt, wir können nicht ahnen, in welche Ferne und Tiefe dieses geistige Auge den Menschen noch blicken lässt. (Kähler 1955, zitiert nach Zeidler 2009, S. 556).

T. Bauer und L. Hefendehl-Hebeker, *Mathematikstudium für das Lehramt an Gymnasien,* essentials, https://doi.org/10.1007/978-3-658-26682-0_1

Die Mathematik in der Schule befindet sich nah an den Wurzeln, die Mathematik an der Hochschule dagegen in einem weit fortgeschrittenen Stadium dieses Prozesses. Sie hat sich im Laufe ihrer Geschichte zu einer hoch abstrakten Disziplin mit stark formalisierten Darstellungsmitteln und logisch stringenten Argumentationsweisen entwickelt. Daraus ergeben sich grundlegende Unterschiede in Bezug auf die verhandelten Inhalte, die Stufe der Theoriebildung, die Art der Darstellungsmittel und die begleitenden Standards, Konventionen und Zielsetzungen, sodass sich im Erscheinungsbild schnell eine Kluft zwischen beiden Fachkulturen auftun kann.

Deshalb ist die klassische, von F. Klein formulierte Diagnose von der „doppelten Diskontinuität“ (Klein 1908) unvermindert aktuell. Klein beschreibt hierin die Gefahr, dass Schul- und Hochschulmathematik von Studierenden als weitgehend disparate Wissensbereiche erlebt und nicht in eine fruchtbare Verbindung gebracht werden können:

- In der Schule erworbene anschauliche Grundlagen können nicht als Verständnishilfen für hochschulmathematische Inhalte herangezogen werden, „da ihn [den „Studenten“] diese in keinem Punkt mehr an die Dinge erinnern, mit denen er sich auf der Schule beschäftigt hat“ (a. a. O., S. 1).
- Umgekehrt kann das hochschulmathematische Wissen auch später nicht als Hilfe verwendet werden, um schulmathematische Inhalte sinnvoll auszuwählen, zu bewerten, zu strukturieren und zu akzentuieren, und „so wird er in den meisten Fällen recht bald die althergebrachte Unterrichtstradition aufnehmen“ (a. a. O., S. 1).

Zwanzig Jahre später untersucht Toeplitz (1928) die besagte Kluft auf ihre tieferen Gründe. Auch seine Beobachtungen und Analysen sind heute noch lesenswert und im Grundtenor unvermindert aktuell (vgl. Hefendehl-Hebeker 2015).

Toeplitz stellt fest, dass „eine Spannung zwischen dem mathematischen Unterricht an Schule und Hochschule […] in Erscheinung getreten“ ist (a. a. O., S. 1), dass die beiden Instanzen Schule und Hochschule sich auseinander gelebt haben und dass „jeder innere Parallelismus ihrer Zielsetzungen“ (a. a. O., S. 2) fehlt. Er lastet aber diese Entwicklung keineswegs einer einseitigen Abkopplung der Schule an. Vielmehr sieht er einen wesentlichen Grund bereits in der universitären Ausbildung selbst, und zwar in dem „Antagonismus zwischen Stoff und Methode“ (a. a. O.). Er beklagt, dass die Vorlesungen überwiegend auf den Stoff fokussiert seien, auf die Vermittlung von Tatsachen, die dann auch als

„abfragbares Wissen“ Grundlage der abschließenden Prüfungen bilden. Diese Gewichtung bildet jedoch, wie Toeplitz weiter ausführt (a. a. O., S. 4), die ursprünglichen Prozesse mathematischer Wissensbildung nicht ab:

> Die Wirklichkeit der mathematischen Forschung ist ein Wechselspiel zwischen Stoff und Methode. [...] Anstatt daß man dieses Wechselspiel in seiner Buntheit sich so vortrefflich entwickeln läßt, systematisiert man es aus Gründen der Ökonomie und einer falsch gerichteten Didaktik zu einer möglichst gedrängten, oft meisterhaften Übersicht über die Tatsachen, während das, was der künftige Lehrer daran erfahren will, etwas ganz anderes ist. *Der Ausgleich zwischen Stoff und Methode in den heutigen Universitätsvorlesungen ist im Prinzip nicht der richtige.* (Hervorh. d. Verf.)

Dieser Ausgleich zwischen Stoff und Methode verbindet Faktenwissen und Wissen darüber, wie die Mathematik als Wissenschaft funktioniert und welche internen Regulierungen und handlungsleitenden Normen hier am Werk sind. Dafür verwendet Toeplitz die Metapher vom „Getriebe“, die wir in Kap. 2 wieder aufgreifen.

> Das Gefühl des Mathematikers will sich [...] nicht nur die blanken Begriffe vorstellen, sondern die ganze Art, wie mit ihnen operiert wird, das ganze Getriebe einer zusammenhängenden Theorie und viele Imponderabilien, die der Mathematiker von Beruf zur Hand hat. (Toeplitz 1931)

Zu diesen klassischen Befunden gibt es neuere, verfeinernde Erklärungsansätze und darauf bezogene hochschuldidaktische Initiativen. Die folgenden Ausführungen dazu bleiben aus Platzgründen exemplarisch.

Weitgehend konsensfähig sind mittlerweile *konstruktivistische Lerntheorien,* wonach Lernen nur als aktive Wissenskonstruktion des Subjekts nachhaltig sein kann. Folglich muss die Wirksamkeit einseitiger Belehrung infrage gestellt und eine ausgewogene Balance zwischen Instruktion und Konstruktion im Ausbildungsbetrieb gefordert werden. Hochschuldidaktische Initiativen zur Umsetzung sind vielfältig und reichen von angeleiteten „Präsenzübungen“ bis zum „forschenden Lernen“ (siehe dazu Kap. 3).

Kognitionstheoretisch orientierte Betrachtungsweisen verfolgen die Frage, welche gedanklichen Vollzüge in welcher Komplexität beim Erlernen von Begriffen und Zusammenhängen erforderlich sind. Da die Schulmathematik sich nah an den Wurzeln des Fachgebietes bewegt, sind ihre Begriffsbildungen noch vergleichsweise elementar. Geometrische Begriffe wie „Kreis“ und „Würfel“ erfassen Formen, die an einzelnen Gegenständen ablesbar sind. Schwieriger sind bereits Relationsbegriffe wie „senkrecht“, die zwei Objekte in Beziehung setzen. Besondere kognitive Anforderungen stellen mathematische Begriffsbildungen, in denen gedachte Operationen oder Erzeugungsprozesse zu Objekten verdichtet bzw. „eingekapselt“ werden (Dubinsky und Harel 1992), wie z. B. bei Termen, Funktionen, Vektoren und Äquivalenzklassen. Solche Prozesse der „Objektivierung“ (Radford 2010) oder „Reification“ (Sfard 1995, 2000) kommen in der Schule nur in Ansätzen vor und stellen hier bereits erhebliche Anforderungen an das Verständnis. In der Hochschulmathematik spielen sie von Anfang an in vielen Zusammenhängen eine wichtige Rolle und werden zuweilen auch kunstvoll gestaffelt, zum Beispiel dort, wo Faktorgruppen aus Faktorgruppen oder Cauchyfolgen aus Äquivalenzklassen von Cauchyfolgen gebildet werden. Zu den aktuellen hochschuldidaktischen Forschungsfeldern gehören empirische Studien über Schwierigkeiten komplexer Begriffsbildungen und Design-Experimente zu ihrer Unterstützung, auch unter Einsatz moderner Visualisierungstechniken.

Für Freudenthal besteht mathematische Wissensbildung global betrachtet in einem fortlaufenden Ordnen von Erfahrungsfeldern, das mit konkret-gegenständlichen Erfahrungen beginnt und sich schrittweise in gestufte Bereiche der mentalen Welt weiter entwickelt. Diskontinuitäten in Lernbiografien entstehen, wenn (zu viele) natürliche Lernstufen übersprungen werden müssen (Freudenthal 1973). Entsprechende hochschuldidaktische Initiativen planen stärker genetisch orientierte Vorgehensweisen (Beutelspacher et al. 2011) oder „Schittstellenaufgaben“ (siehe Kap. 3) ein.

Semiotische Erkenntnistheorien, deren moderne Gestalt auf C. S. Peirce zurückgehen (Peirce 1931–1958), nehmen an, dass sich unser Denken im Umgang mit Zeichen vollzieht. Diese können vorgestellt sein oder tatsächlich vorliegen. Die Entwicklung der Mathematik zu einem Theoriegebäude abstrakter mentaler Konstrukte hat ein äußeres Pendant in den verwendeten Darstellungsmitteln.

> In *Fachpublikationen* wird Mathematik präsentiert in einer restriktiven konventionalisierten Fachsprache, die wie die Gemeinsprache weitgehend durch lineare Zeichenfolgen dargestellt wird und sich gegenwärtig in der Regel auf die Semantik der Mengenstrukturen bezieht. Die restriktiven Konventionen sind Resultat des Strebens der Mathematiker nach *Konsens* und *Kohärenz* größtmöglichen Ausmaßes. (Wille 2005, S. 6)

Somit ist die mathematische Fachsprache ein hoch entwickeltes Artefakt, das eine *große Informationsdichte auf kleinem Raum* erzeugt und dessen verständige Handhabung eine eigene Expertise erfordert. Mathematik in der Schule nimmt diese Kunstsprache nur in moderaten Ansätzen in Gebrauch und bedient sich überwiegend einer mit Fachwörtern durchsetzten natürlichen Sprache. Die Hochschulmathematik dagegen verwendet von Anfang an die facheigene

Zeichensprache, zu deren Verständnis eine eigene Lese- und Interpretationsfähigkeit erforderlich ist. Ansätze, solche Fähigkeiten gezielt zu entwickeln, finden sich bei Dietz (2016) und Hilgert et al. (2015).

Wissenschaftssoziologische Betrachtungsweisen fokussieren insbesondere den Prozess der Enkulturation als die Aneignung von Grundverhaltensweisen einer Kultur. Gemeinschaften können ihre internen Gepflogenheiten und die Regeln ihres Handelns besser oder schlechter, aber nicht vollständig erklären. Ein Kochbuch für Anfänger kann gute Anleitungen geben, aber nicht jede Maßnahme so genau beschreiben, dass sie stets zweifelsfrei gelingt. Erst recht kann erfolgreiches mathematisches Handeln nicht vollständig in Anleitungen erfasst werden. Es bleiben „Imponderabilien" (Toeplitz 1931), mit denen Lernende erst allmählich und in individuell unterschiedlichem Maße zurechtkommen. Seaman und Szydlik (2007) prägten den Begriff „mathematical sophistication" als Ergebnis der Enkulturation in die Gemeinschaft der praktizierenden Mathematiker und als Ausdrucksform einer verfeinerten Fachkultur mit zugehörigen spezifischen Werthaltungen (siehe Kap. 2).

1.2 Aktuelle Problemverschärfungen

Aktuelle gesellschaftliche Herausforderungen verschärfen die in Abschn. 1.1 dargestellten, in der Natur des Faches liegenden Grundprobleme des mathematischen Lehramtsstudiums. Das Bestreben der Bildungspolitik nach verstärkter Bildungsbeteiligung bei gleichzeitiger Tendenz zur Verkürzung der Schulzeit führt zu einem sinkenden Eingangsniveau bei Studienbeginn und zu einer großen Streuung des Leistungsspektrums. So bildet sich zumindest „gefühlt" eine größer werdende Kluft „zwischen dem Können und Wissen, das Studienanfänger abrufen können, und dem, was Hochschulen erwarten" (Cramer und Walcher 2010, S. 110). Dabei melden sich Zweifel, ob verstärkte hochschuldidaktische Anstrengungen diese Situation überhaupt zufriedenstellend bewältigen können.

> Die Universitäten können das kaum ausgleichen. Vorbereitungskurse, wie sie inzwischen in manchen technischen Fächern angeboten werden, helfen nicht, wo Schriftdeutsch, Allgemeinbildung und Intellekt nottun. Wollte man hier auf früheren Standards beharren, so müssten (jenseits der NC-Fächer) eigentlich die Durchfallquoten zunehmen. Doch das wird kaum passieren, nicht nur aus psychologischen Gründen […] sondern auch deshalb, weil es die Bereitschaft zum Studienabbruch erhöhen würde. Dies ist aber politisch unerwünscht, was mancherorts ja schon

> durch heikle finanzielle Anreize verdeutlicht wird. Das legt nahe, dass man die Erstsemester auch künftig „dort abholt, wo sie sind“, und so letztlich auch durch ihr Studium laufen lassen wird. (Foerste 2017, S. 849)

Weitere gesellschaftliche Entwicklungen machen sich auf verschiedenen Stufen der Bildungskette unterschiedlich stark bemerkbar. Kulturelle und sprachliche Vielfalt konfrontieren Lehrkräfte an Schulen mit zusätzlichen Anforderungen an ihre pädagogischen und didaktischen Differenzierungsfähigkeiten und haben dazu geführt, dass Lehrveranstaltungen vom Typ „Deutsch als Zweitsprache“ in den verbindlichen Ausbildungskanon des Hochschulstudiums Eingang gefunden haben. Veränderte Familienstrukturen erzeugen die Tendenz, Erziehungsaufgaben zunehmend an Institutionen, insbesondere an die Schulen, zu delegieren. Ein veränderter Umgang mit Wissen im digitalen Zeitalter kann auf das Lernen von Mathematik widerstreitende Einflüsse ausüben. Einerseits enthalten digitale Medien große Chancen, Lernprozesse zu fördern, andererseits besteht die Gefahr, dass schnell zugängliche Informationsquellen zu einer hastigen Oberflächlichkeit verleiten. Tugenden wie Sorgfalt, Ausdauer und Genauigkeit sind aber für eine erfolgreiche Beschäftigung mit dem Fach Mathematik unabdingbar.

Für Lehrkräfte an Gymnasien hat sich durch diese Entwicklungen vor allem eine Akzentverschiebung des Selbstverständnisses vom Wissenschaftler zum Erzieher ergeben. Die rein fachlichen Ausbildungsanteile pro Unterrichtsfach sind mancherorts mit einem Kontingent 60 bis 80 Leistungspunkten auf etwa ein Viertel des gesamten Studienvolumens geschrumpft. Dafür hat die Komplexität der Anforderungen insgesamt zugenommen. Das Lehramtsstudium enthält Ausbildungselemente mit verschiedenen Kulturen der Erkenntnisgewinnung, während reine Fachstudiengänge viel homogener strukturiert sind und sich weitgehend auf ein Arbeitsparadigma konzentrieren. Daraus resultieren auch Veränderungen im fachbezogenen Bewusstsein der Absolventen. Die fachwissenschaftlichen Anforderungen werden als zu hoch empfunden, der Berufsbezug als zu gering, und oft besteht überhaupt eine mangelnde Identifikation mit dem Fach (Pieper-Seier 2002). Ein Vergleich zwischen Diplom-Studierenden und Lehramtsstudierenden (Blömeke 2009) ergab zwar gleiche kognitive Eingangsvoraussetzungen (!), aber Unterschiede in Bezug auf fachliches Interesse, Studienmotivation und Persönlichkeitsmerkmale: Mathematiklehrkräfte sind stärker bindungs- und kooperationsorientiert. Diesem Personenkreis kämen ggf. kooperative Lernformen und eine Betonung der menschlichen Erlebenskomponente bei mathematischen Entdeckungen besonders entgegen.

1.3 Ansatzpunkte für eine Neuorientierung?

Angesichts der bestehenden widerstreitenden Anforderungen muss eine Erfolg versprechende Neuausrichtung des gymnasialen Lehramtsstudiums fast wie die Quadratur des Kreises anmuten. Dabei hängt bereits die Bewertung von „Erfolg“ von der zugrunde gelegten Philosophie der Mathematik ab. Wir sehen den Bildungsauftrag des gymnasialen Mathematikunterrichts darin, im Rahmen des Möglichen ein gültiges Bild des Faches Mathematik als Kulturgut und als Schlüsseltechnologie zu vermitteln. Im Sinne des geschilderten Zusammenspiels von „Stoff und Methode“, von Inhalten und Denkprozessen, gehört dazu auch die authentische Erfahrung, wie mathematische Wissensbildung geschieht, also zum Beispiel

- mit welchen gedanklichen Ordnungsmitteln die Mathematik es schafft, „Übersicht und Einsicht in einen verwirrenden unüberschaubaren Problembereich“ (Winter 1972) zu gewinnen,
- mit welchen Strategien zunächst unlösbar erscheinende Probleme bewältigt werden.

Solche Erfahrungen sind auf jeder Lernstufe möglich. Zu ihrer Vermittlung benötigen Lehrkräfte die „Vorstellung von der Mathematik als einem Organismus, der sich aus einfachen Mustern entwickelt und von da ausgehend zunehmend komplexere Muster hervorbringt.“ (Wittmann 2016, S. 89). Das bedeutet auch, dass der fachliche Horizont deutlich über die schulischen Inhalte hinausgehen und dass zugleich für Schulmathematik und Hochschulmathematik eine verbindende Perspektive entwickelt werden sollte. Auch hierzu gibt es eine klassische Feststellung von zeitloser Gültigkeit:

> Es ist eine in mathematischen und verwandten Fächern durchaus falsche Vorstellung, dass man nicht viel mehr zu wissen brauche, als man zu lehren hat. […] Aber ich behaupte: um die Elemente der Mathematik in bildender Weise zu lehren, muß der Lehrer durchtränkt sein von der Quintessenz des ganzen mathematischen Wissens. Dann erst wird sein Unterricht Klarheit gewinnen; zwar nicht jene niedere Klarheit, die man auch Trivialität nennt, sondern das tiefe und deutliche Erfassen des mathematischen Gedankens wird der Vorzug seiner Lehre werden, und dadurch wird er *reinigend auf den Denkprozeß der mittleren Schüler, begeisternd auf den Berufenen wirken*. (Du Bois-Reymond 1874, zitiert nach Beutelspacher et al. 2011, S. 11; Hervorhebungen d. Verf.)

Deshalb verfolgen wir in den weiteren Ausführungen das Ziel, das Zusammenspiel zwischen „Stoff und Methode“ zur Grundlage für eine neu zu belebende „Parallelität der Zielsetzungen“ zwischen Schule und Hochschule und damit als regulative Leitidee für das gymnasiale Lehramtsstudium im Fach Mathematik zu machen und mit geeigneten Lehrformen zu verbinden.

2 Das gymnasiale Lehramtsstudium – Zielsetzungen auf Basis eines gestuften Literacy-Modells

Wir greifen für unsere weiteren Betrachtungen ein aus der Sprachwissenschaft stammendes Literacy-Modell auf. Es stammt von Mary Macken-Horarik (1998) und wurde insbesondere von Tara Brabazon (2011) auf Fragen der Hochschullehre angewandt. Wir entwickeln im Folgenden eine auf die Mathematik bezogene Interpretation, die sich für uns als hilfreicher Orientierungsrahmen bei Überlegungen erwiesen hat, wie „Stoff" und „Methode" gleichzeitig vermittelt werden können. Vorab eine Bemerkung zum Begriff *Literacy:* Wir gehen hier von seiner ursprünglichen Bedeutung aus, die sich auf den Bereich der sprachlichen Fähigkeiten und Fertigkeiten bezieht. Nicht gemeint ist hier die recht facettenreiche Idee zur Beschreibung von Bildungszielen, die in der Verbindung „Mathematical Literacy" angesprochen wird. (Die PISA-Studie beinhaltet eine Akzentuierung von Mathematical Literacy, vgl. Vohns 2018).

Das Literacy-Modell von Macken-Horarik besteht aus vier aufeinander aufbauenden Stufen:

- Everyday Literacy
- Applied Literacy
- Theoretical Literacy
- Reflexive Literacy

2.1 Everyday Literacy (Stufe 1)

Diese Stufe betrifft Wissen aus der Alltagserfahrung, „based on personal and communal experience" (Macken-Horarik, a. a. O.). In unserer mathematikbezogenen Version des Modells fassen wir darunter diejenigen Elemente der Mathematik, die im Alltag sichtbar vorkommen und deren Beherrschung für eine gesellschaftliche

T. Bauer und L. Hefendehl-Hebeker, *Mathematikstudium für das Lehramt an Gymnasien,* essentials, https://doi.org/10.1007/978-3-658-26682-0_2

Teilhabe wichtig ist. (Es gibt darüber hinaus einen großen Bereich von Mathematik, der auf *unsichtbare* Weise in unserer technisierten Welt vorkommt. Diese Mathematik meinen wir hier nicht, denn sie ist zwar höchst alltagsrelevant, stellt aber kein Alltagswissen des Individuums dar, das hier Mathematik nur indirekt nutzt – vielleicht sogar, ohne sich dessen im Detail bewusst zu sein).

Zur Mathematik auf der Stufe der Everyday Literacy gehören in unserer Auffassung u. a.

- elementares Rechnen wie Bruchrechnung und Prozentrechnung,
- elementares logisches Schließen,
- elementargeometrische Kenntnisse aus der Figuren- und Inhaltslehre,
- ein Verständnis für Wahrscheinlichkeiten und
- eine allgemeine „Lese- und Interpretationsfähigkeit" (vgl. Vohns 2018) für mathematische und mathematikhaltige Darstellungen, wie z. B. Tabellen, Funktionsgraphen, statistische Grafiken und Prozentangaben.

2.2 Applied Literacy (Stufe 2)

Wissen auf dieser Stufe ist an den Zweck einer bereits spezialisierten Verwendung gebunden. Macken-Horarik (a. a. O.) charakterisiert sie als „using a specific skill or ‚know-how', based on acquired expertise", Brabazon (a. a. O.) spricht von „skill-based literacy". Auf die Mathematik bezogen fassen wir hierunter das Wissen, mit dem sich die Mathematik gegenüber anderen Disziplinen (z. B. den Ingenieurwissenschaften) darstellt und ihnen Werkzeuge zur Lösung bestimmter Aufgaben liefert. In der Mathematikausbildung betonen wir diese Literacy-Stufe, wenn etwa in Übungs- und Prüfungsaufgaben zur Analysis und Linearen Algebra Fertigkeiten der folgenden Art gefordert werden:

- Berechne die Ableitung der folgenden Funktion: …
- Bestimme die Extrema der Funktion f: …
- Bestimme das Monotonieverhalten der Funktion f: …
- Löse das Gleichungssystem …
- Diagonalisiere die Matrix A = …

Die Anforderung besteht hier jeweils darin, mit einem geeigneten Verfahren Informationen über ein mathematisches Objekt zu erhalten. In außermathematischen Anwendungssituationen sind solche Informationen oft relevant, während die zugrunde liegende Theorie eher im Hintergrund bleibt.

2.3 Theoretical Literacy (Stufe 3)

Dies ist die Stufe des disziplinären Wissens. Wir fassen hierunter Wissen, wie es die Mathematik etwa in publizierten Arbeiten und Monografien explizit darstellt. In der Mathematikausbildung (z. B. in Übungs- und Prüfungsaufgaben) wird diese Literacy-Stufe angesprochen, wenn es um das Verstehen von Definitionen, Sätzen und Beweisen geht oder wenn Beziehungen hergestellt und begründet werden. Die Beantwortung von Fragen folgenden Typs erfordert Theoretical Literacy:

- Wie ist der Begriff der Differenzierbarkeit definiert? Welche Differenzierbarkeitsbegriffe unterscheidet man bei Funktionen von mehreren Veränderlichen? In welchem Zusammenhang stehen diese Begriffe? Wie kann man beweisen, dass Verkettungen differenzierbarer Funktionen wieder differenzierbar sind?
- Was versteht man unter Riemann-Integrierbarkeit? Welche Eigenschaften hat dieser Begriff? Wie kann man zeigen, dass stetige Funktionen Riemann-integrierbar sind? Welche Beispiele für Funktionen kennen Sie, die *nicht* Riemann-integrierbar sind? Wie unterscheidet sich die Riemann-Integrierbarkeit hier von anderen Integrierbarkeitsbegriffen?
- Was besagt der Zwischenwertsatz? Wie kann man ihn beweisen?

Solches Wissen benötigen insbesondere diejenigen, die in der Disziplin arbeiten, um deren Theorie weiterzuentwickeln. Das Funktionieren der Mathematik, die auf der Stufe der Applied Literacy nach außen verfügbar gemacht wird, basiert auf diesem Theoriebestand: Er ermöglichte es, die Werkzeuge zu entwickeln; er sichert, dass die verwendeten Verfahren das Gewünschte leisten. Aus diesem Blickwinkel lässt sich sagen, dass die Stufe der Theoretical Literacy die vorigen beiden Stufen umfasst.

Beim Verstehen von mathematischen *Begriffen* lässt sich die Abgrenzung zwischen Applied Literacy und Theoretical Literacy mit Bezug auf die Stufen der Begriffsbildung beschreiben, die Winter (1983) vorgeschlagen hat: Betrachtet man beispielsweise den Begriff *Flächeninhalt,* so geht es auf der Stufe der Applied Literacy vorrangig darum, wie Flächeninhalte konkreter Figuren ermittelt werden können – Winter spricht vom *operativ-instrumentellen Verständnis* des Begriffs, das auf „Herstellungs- und Weiterverarbeitungsverfahren, auf Fertigkeiten" gerichtet ist (a. a. O.). Auf der Stufe der Theoretical Literacy würde dagegen auch die *Begriffsdefinition* in den Blick genommen: Wie lässt sich der Flächeninhalt einer (z. B. ebenen) Figur definieren? Ist dies überhaupt für beliebige Figuren in sinnvoller Weise möglich? In Winters Stufenmodell gehört dies zum *systematisch-theoretischen Verständnis* des Begriffs. Analog lassen sich die Stufen bei anderen Begriffen unterscheiden, wie etwa beim Unterschied zwischen dem Berechnen von Ableitungen (Differenzieren als Handlung, die an einer Funktion ausgeführt wird) und dem Verständnis der Differenzierbarkeit (die zunächst allgemein zu definieren ist und deren Eigenschaften man dann untersucht).

2.4 Reflexive Literacy (Stufe 4)

Diese oberste Stufe (bei Brabazon u. a. als „probing assumed and specialized knowledge systems" charakterisiert) interpretieren wir für die Mathematik als den Bereich, in dem es um das (oft implizite) Wissen über die Arbeitsweisen und Gepflogenheiten in der Disziplin geht, das innerhalb der Fachgemeinschaft weitergegeben wird. Die Anforderung liegt hier darin, das Wissenssystem der Disziplin als solches mit seinen internen Regulierungen und handlungsleitenden Normen zu verstehen: Was will die Disziplin? Wie geht sie vor, um ihre Ziele zu erreichen? Warum wird so vorgegangen?

Auf die Bedeutung einer solchen Wissensform oberhalb der theoretischen Stufe weist bereits Toeplitz (1932) hin:

> Der mathematische Hochschulunterricht entbehrt seines eigentlichen Sinnes, wenn es jenseits der Materien, die er lehrt, nicht noch eine allgemeine Einstellung, ein Niveau gäbe, das er vermitteln will. Aber was ist dieses geheimnisvolle »Niveau«, das wir alle empfinden, ohne es je definiert zu haben?

Er fordert insbesondere, dass Studierende das innere „Getriebe" des Fachs verstehen sollen (Toeplitz 1928):

> Mit Niveau eines Kandidaten ist seine Fähigkeit gemeint, das Getriebe einer mathematischen Theorie zu durchschauen, die Definitionen ihrer Grundbegriffe nicht zu memorieren, sondern in ihren Freiheitsgraden, in ihrer Austauschbarkeit zu beherrschen, die Tatsachen von ihnen klar abzuheben und untereinander und nach ihrem Wert zu staffeln, Analogien zwischen getrennten Gebieten wahrzunehmen oder, wenn sie ihm vorgelegt werden, sie durchzuführen, Gelerntes auf andere Fälle anzuwenden und anderes mehr.

Das „Durchschauen" des Getriebes beinhaltet also nach Toeplitz' Auffassung, dass die Studierenden die Kontingenz mathematischer Definitionen erkennen und dass sie Werturteile über mathematische Resultate fällen können. Genau dies sind Fähigkeiten, die auch diejenigen benötigen, die in der mathematischen Forschung arbeiten – es sind handlungsleitende Elemente jeder kreativen mathematischen Arbeit. Man erkennt hieran, dass die Stufe der Reflexive Literacy nicht eine Perspektive auf Mathematik meint, die gleichsam „von außen" aus unbeteiligter Position auf mathematisches Arbeiten gerichtet wird, sondern dass es vielmehr um eine zentrale Anforderung an professionell Mathematiktreibende geht – sie betrifft den Kern der Disziplin.

Seaman und Szydlik (2007) stellen einen überzeugenden Bezug her zwischen dem Wissen um professionelle Vorgehensweisen von Mathematikern und dem Erfolg von Studierenden bei Aufgaben sowohl zum prozeduralen als auch zum konzeptuellen Wissen. Basierend auf einer Studie, die sie mit Lehramtsstudierenden durchgeführt haben, kommen die Autoren zu dem Schluss, dass sich die erfolgreicheren Teilnehmer von den weniger erfolgreichen in ihrem mathematischen Verhalten und ihren mathematikbezogenen Wertvorstellungen signifikant unterscheiden. Die Unterschiede erfassen Seaman und Szydlik in ihrem Framework der *Mathematical Sophistication.* Ins Deutsche übertragen und in drei Bereiche gruppiert lassen sich die damit verbundenen Züge mathematischen Verhaltens in Kurzform so darstellen (vgl. Bauer 2017):

- *Was Mathematiker zu erreichen suchen:* Sie versuchen, Regelmäßigkeiten und Beziehungen zwischen mathematischen Objekten zu verstehen und Analogien zwischen Sätzen, Beweisen, Theorien zu finden.
- *Wie sie mit mathematischen Objekten umgehen:* Sie schaffen dafür mentale Modelle, symbolische Darstellungen sowie Beispiele und Gegenbeispiele. Sie stellen Vermutungen über sie auf und testen diese.
- *Wie sie sich Gewissheit verschaffen:* Sie schätzen präzise Sprache und die feinen Unterscheidungen, die sie ermöglicht. Sie nutzen präzise Definitionen, um Bedeutung zu schaffen, und verwenden logische Argumente und Gegenbeispiele, um zu überzeugen.

Auf Grundlage ihrer Befunde fordern Seaman und Szydlik, dass Mathematikveranstaltungen für angehende Lehrkräfte besonderes Augenmerk auf deren Enkulturation (im Sinne von Bauersfeld 1993) in die mathematische Gemeinschaft legen sollten, da sie Mathematical Sophistication als Ergebnis einer so verstandenen Enkulturation betrachten.

Prediger und Hefendehl-Hebeker (2016) erfassen Aspekte der Theoretical Literacy im Konstrukt der epistemologischen Bewusstheit und zeigen dessen Bedeutung für das Unterrichtshandeln von Lehrkräften auf.

Wir geben einige Beispiele für Fragen auf der reflexiven Stufe – in jedem Fall erfordert es Wissen und Erfahrungsreichtum oberhalb der theoretischen Stufe, um sie beantworten zu können:

- Wie würde in dieser mathematischen Situation ein „natürlicher" Satz lauten? *(genuine Fragestellungen des Fachs)*
- Kann man hoffen, dass er wahr ist? *(Fachbezogene Intuition)*
- Wäre das nützlich? Wäre das schön? *(Werte und Ästhetik des Fachs)*
- Was könnte man versuchen, um den erhofften Satz zu beweisen? *(Heuristische Fähigkeiten)*

Tab. 2.1 zeigt die vier Literacy-Stufen in einer zusammenfassenden Übersicht und illustriert deren Bedeutung durch beispielhafte Fragestellungen, die man auf dieser Stufe stellen und untersuchen würde.

2.5 Zielvorstellungen für die Ausbildung

Im sprachwissenschaftlichen Kontext fordert Brabazon (2011): „The function of an undergraduate degree is to propel students through the upper two slices of literacy." Ihrer Auffassung nach reicht es also nicht, die Ausbildung auf bestimmte Verwendungen hin auszurichten – vielmehr soll die Ausbildung so viel Schwung erzeugen, dass sie die Studierenden in die Stufen der theoretischen und der reflexiven Literacy „treibt". Verfolgen wir dieses Ziel auch in der Mathematik-Lehramtsausbildung? Die in Kap. 1 dargestellten Grundprobleme legen nahe, dass wir dieses Ziel in der Tat als wesentlichen Teil der Professionalisierung von angehenden Lehrkräften betrachten sollten. Insbesondere ist die reflexive Stufe kein optionaler Überbau, sondern sie erfüllt eine wesentliche Funktion, wenn Lehrkräfte in die Lage versetzt werden sollen, als Repräsentanten der Fachgemeinschaft aufzutreten und die Denkweisen des Fachs im Unterricht adressatengerecht zur Geltung zu bringen. Gleichzeitig zeigen die aktuellen Problemverschärfungen, dass es schwieriger geworden ist, dieses Ziel zu erreichen: Zum einen hat sich das fachbezogene Bewusstsein der Studierenden gewandelt – sie fragen, wozu eine (als Erzieher verstandene) Lehrkraft solches Wissen benötigt. Zum anderen bietet das geringer gewordene Ausbildungsvolumen keine großen Spielräume: Beispielsweise hat am Standort des ersten Autors das 10-semestrige Bachelor-Master-Studium im Vollfach Mathematik 300 Leistungspunkte (LP), von denen 243 LP auf die Mathematik entfallen. Das 8-semestrige Lehramtsstudium hat 240 LP, von denen lediglich 60

Tab. 2.1 Beispiele für Fragestellungen auf den vier Literacy-Stufen

Everyday	Applied	Theoretical	Reflexive
Knowledge based on personal and communal experience	*Skill-based Literacy: Using a specific skill of know-how, based on acquired expertise*	*Disciplinary knowledge*	*Probing assumed and specialized knowledge systems*
Wie viel sind zwei Drittel von 1,2 kg? Welchen Anteil an Mädchen hat eine Klasse, in der von 24 Schülern 16 Mädchen sind? Wenn beim Preis eines bestimmten Artikels die 19-prozentige Mehrwertsteuer erlassen wird, um wie viel wurde der Preis dann gesenkt?	Berechne die Ableitung der folgenden Funktion:… Bestimme die Extrema der folgenden Funktion:… Bestimme den Rang der folgenden Matrix:… Löse das folgende Gleichungssystem:…	Wie ist Differenzierbarkeit definiert? Was bedeutet der Begriff? Welche Eigenschaften hat er? Wie kann man beweisen, dass in einem Extremum die Ableitung gleich Null ist? In welchem Zusammenhang steht die Definition der Matrizenmultiplikation mit linearen Abbildungen?	Welche weiteren Sätze wären in dieser Situation interessant? Bei welchen kann man hoffen, dass sie wahr sind? Welche wären nützlich? Welche wären schön? Wäre es der Mühe wert, daran zu arbeiten? Welchen könnte man als erstes angehen? Welches Vorgehen wäre aussichtsreich?

LP auf die mathematische Fachausbildung entfallen. Es ist klar, dass ein solch knappes Punktebudget extrem effizient genutzt werden muss, wenn Studierende zur reflexiven Stufe vordringen sollen.

Brabazon (a. a. O., S. 303) interpretiert Macken Horarik so, dass die vier Literacy-Stufen linear und progressiv aufeinander aufeinander aufbauen,

$$\text{Everyday Literacy} \rightarrow \text{Applied Literacy}$$
$$\rightarrow \text{Theoretical Literacy} \rightarrow \text{Reflexive Literacy},$$

man also nicht gleichzeitig auf allen Stufen lernen und Stufen nicht überspringen kann. Die Vermutung, dass dies auch für die Mathematik gilt, ist naheliegend: So lassen sich etwa Fragen auf der reflexiven Stufe, die das „Getriebe" betreffen, erst dann beantworten, wenn man die Funktionsweise dieses Getriebes bis zu einem gewissen Detailgrad verstanden hat. Ebenso erfordern Werteinschätzungen zur Nützlichkeit oder Schönheit von mathematischen Resultaten die vorausgehende Herausbildung von Maßstäben in der tatsächlichen Befassung mit solchen Resultaten. Hieraus ergibt sich eine Herausforderung für die Lehramtsausbildung: Kann man Lehramtsstudierende trotz der Beschränkungen eines schmalen Ausbildungsvolumens zur reflexiven Stufe führen, obwohl man sie in der wenigen Zeit nicht zu forschenden Mathematikern wird ausbilden können? Versucht man dies gar nicht, so besteht die Gefahr, die Lehramtsausbildung schlicht als verkürzte Fachausbildung zu betrachten – wobei es nahe liegt, das Verkürzen zugleich als „Erleichtern" zu interpretieren. Eine solche Ausbildung würde die Studierenden (etwa im Bemühen um eine Begrenzung der Anforderungen) im Wesentlichen auf der Stufe der Applied Literacy zurücklassen, eventuell mit einigen „Einblicken" in Theoretical Literacy. Obwohl ein solches Ausbildungskonzept unserer Auffassung nach weit hinter dem zurückbliebe, was zur Professionalisierung von Lehrkräften nötig ist, besteht die Gefahr, dass sowohl Studierende als auch Studiengangsplaner damit zunächst zufrieden sein könnten, da es für beide Seiten nach einer praktikablen Lösung aussieht. Brabazon (a. a. O.) warnt davor, dass Lernende ohne Intervention auf der Stufe der Applied Literacy verbleiben, „not even aware of the availability of higher-order models for thinking". Vergleichbares ist auch in Bezug auf die Mathematikausbildung zu befürchten – wenn die Studienordnung oder das Design der Prüfungen es so anlegen, dann stecken die Studierenden tatsächlich in den unteren Literacy-Stufen fest.

Ansätze zur Umsetzung 3

In diesem Abschnitt schildern wir Ansätze, den genannten Problemen zu begegnen und Lehramtsstudierende auf die höheren Literacy-Stufen zu führen.

3.1 Änderungen im Studienablauf vs. Änderung in der Binnenstruktur von Lehrveranstaltungen

In den letzten 20 Jahren wurden unterschiedliche Maßnahmen ergriffen, um die diagnostizierten Probleme anzugehen. Wir können diese idealtypisch unterscheiden in *Maßnahmen mit Änderungen im Studienablauf* (durch spezielle Veranstaltungen) und *Maßnahmen mit Änderungen in der Binnenstruktur von Lehrveranstaltungen.* Daneben gibt es auch Projekte, die beide Bereiche verbinden, wie z. B. das Projekt „Mathematik Neu Denken“ (Beutelspacher et al. 2011). Bei Projekten mit Änderungen im Studienablauf lassen sich verschiedenartige Ansätze unterscheiden:

1. *Einführungen in das mathematische Denken und Arbeiten zu Studienbeginn,* wie etwa bei Grieser (2013, 2015) mit einem Schwerpunkt „Mathematisches Problemlösen und Beweisen“, bei Hilgert et al. (2015) mit einem zusätzlichen Schwerpunkt auf dem Lesen und Schreiben mathematischer Texte und bei Biehler und Kempen (2015) in einer Erstsemesterveranstaltung „Einführung in die Kultur der Mathematik“.
2. *Begleiten der Anfängervorlesungen in Analysis und Linearer Algebra durch elementarmathematische Veranstaltungen,* so im Projekt „Mathematik Neu Denken“ (Beutelspacher et al. 2011) mit einer Veranstaltung „Schulanalysis vom höheren Standpunkt“
3. *Einschalten von Schnittstellenmodulen,* die Bezüge zwischen Schul- und Hochschulmathematik thematisieren (Bauer und Partheil 2009; Bauer 2013).

T. Bauer und L. Hefendehl-Hebeker, *Mathematikstudium für das Lehramt an Gymnasien,* essentials, https://doi.org/10.1007/978-3-658-26682-0_3

3.2 Beispiel: Schnittstellenmodule

3.2.1 Schnittstellenaufgaben als Ansatz wider die Doppelte Diskontinuität

Dieser Ansatz nimmt das Problem der „Doppelten Diskontinuität" in den Blick, das von Felix Klein bereits vor über einem Jahrhundert beschrieben wurde (Klein 1908): Viele Lehramtsstudierende nehmen Schulmathematik und universitäre Mathematik als getrennte Welten wahr. Dies beginnt mit Schwierigkeiten am Studienbeginn beim Übergang von der Schule zur Universität (erste Diskontinuität) und kann dazu führen, dass die Studierenden Inhalte der mathematischen Fachausbildung nicht als relevant für ihr künftiges Berufsfeld anerkennen. Nach dem Übergang von der Universität in den Beruf kann es dann dazu kommen, dass die Fachausbildung gleichsam zurückgelassen wird und somit in der Gestaltung des Unterrichts kaum wirksam wird (zweite Diskontinuität).

Dozenten von fachmathematischen Vorlesungen werden mit diesem Problemkreis konfrontiert, wenn Lehramtsstudierende – zum Beispiel in Vorlesungsbefragungen – die empfundene Diskontinuität durch Kommentare wie „Als Lehramtler brauchen wir das sowieso nicht" oder gar „Wir studieren doch nur Lehramt" zum Ausdruck bringen. Während die erste Aussage die Relevanz der Studieninhalte infrage stellt, wertet die zweite Formulierung zudem die eigene Rolle ab. Solche Äußerungen zeigen, dass Inhalte, die Lehrende als höchst professionsbezogen erachten (vgl. Brunner et al. 2006), für Lehramtsstudierende irrelevant erscheinen können. Die Idee der Schnittstellenmodule ist dadurch entstanden, dass solche Kommentare von Studierenden eine schrittweise Veränderung im Denken des ersten Autors ausgelöst haben:

Schritt 1: *Hoffen, dass die Studierenden die Diskontinuitäten im Laufe des Studiums selbst auflösen.* Während sich dies bei leistungsstarken Studierenden in der Tat oft beobachten lässt, gelingt es vielen Studierenden leider nicht.

Schritt 2: *In Lehrveranstaltungen bewusst auf Diskontinuitäten eingehen und Erklärungen zu Verknüpfungen zwischen Schul- und Hochschulmathematik anbieten.* Dies kann Wirkung zeigen, jedoch sind die Studierenden hier in einer passiven Rolle – es bleibt bei einer „Beschwörung" der Verknüpfungen durch den Dozenten.

Schritt 3: *Studierende in Aufgaben aktiv mit „Schnittstellenfragen" befassen* – dies ist die Idee der Schnittstellenmodule, die nachfolgend weiter ausgeführt wird.

Der Ansatz der Schnittstellenmodule (Bauer und Partheil 2009; Bauer 2013) geht das Problem der Doppelten Diskontinuität dadurch an, dass es die Studierenden in *Schnittstellenaufgaben* zu einer aktiven Auseinandersetzung mit dem Verhältnis zwischen Schul- und Hochschulmathematik anregt. Dies geschieht mit zwei Zielvorstellungen:

- Den Studierenden soll bewusst werden, wie fachliche Studieninhalte mit ihrem künftigen Berufsfeld in Bezug stehen. Die Nützlichkeit von Hochschulmathematik für den Umgang mit Schulmathematik soll erkannt werden – es soll also auf *Überzeugungen* eingewirkt werden.
- Die Studierenden sollen in die Lage versetzt werden, Schul- und Hochschulmathematik füreinander nutzbar zu machen – es soll also ihr *Handeln* beeinflusst werden.

3.2.2 Kategorien von Schnittstellenaufgaben

Im Rahmen der Entwicklung des Schnittstellenkonzepts haben sich vier Kategorien von Aufgaben herausgebildet, die verschiedene Teilziele anvisieren (Bauer 2012). Die Ziele und ihre Wirkrichtungen sind im Diagramm in Abb. 3.1 dargestellt.

Wir begründen nachfolgend diese Ziele, indem wir jeweils ausführen, inwiefern es notwendig erscheint, die damit angesprochenen Aspekte zu bearbeiten, und wo der Ertrag liegen kann.

A. Grundvorstellungen zu mathematischen Inhalten aufbauen und festigen. Studierende bringen aus der Schule elementare Beispiele und Grundkenntnisse mit, z. B. aus der Funktionenlehre oder aus der analytischen Geometrie. Solche Vorkenntnisse und die damit verbundenen Grundvorstellungen zu mathematischen Begriffen sollten nicht ignoriert werden. Vielmehr ist es *nötig,* sie aufzugreifen, um sie zu erweitern und zu präzisieren. Dies ist darüber hinaus *ertragreich,* wenn es den Studierenden dadurch gelingt, bessere Vorstellungen zu Gegenständen der Hochschulmathematik aufzubauen. Dieses bewusste Anknüpfen zeigt den Studierenden zudem, dass ihre Vorerfahrungen ernst genommen werden.

B. Unterschiedliche Zugänge zu mathematischen Begriffen und Sätzen verstehen und analysieren. Es gibt mathematische Inhalte, die in Schule und Universität auf völlig verschiedene Weisen eingeführt werden. Ein Beispiel stellt die Sinusfunktion dar: Während sie in der Schule im elementargeometrischen Gewand als Verhältnis von Dreiecksseiten auftritt, wird sie in universitären Analysis-Vorlesungen in der Regel über die komplexe Exponentialfunktion (oder

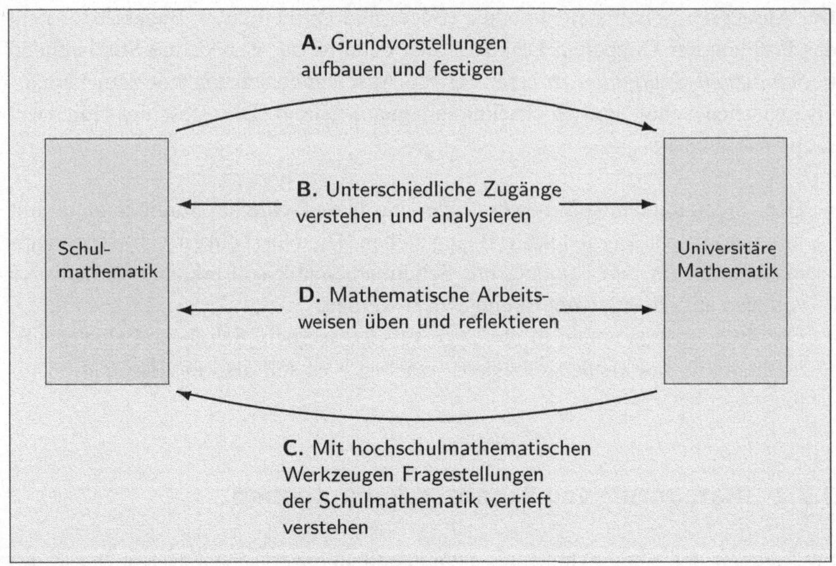

Abb. 3.1 Ziele und Wirkrichtungen von Schnittstellenaufgaben. (Diagramm nach Bauer 2018b)

direkt über ihre Potenzreihendarstellung) eingeführt. Es ist *nötig,* solche Unterschiede zu bearbeiten, denn sie stellen gravierende sachliche Diskontinuitäten dar, die sich erfahrungsgemäß nicht von selbst auflösen – die Frage, warum so verschieden vorgegangen wird und worin die Verbindung zwischen beiden Zugängen besteht, beantwortet sich für Studierende nicht von alleine. Es ist darüber hinaus *ertragreich,* solche Diskontinuitäten zu verstehen, denn es ist eine wichtige Einsicht, dass es für mathematische Begriffe nicht zwangsläufig einen „richtigen" Zugang gibt. Mehr noch: Die verschiedenen Zugänge sind nicht beliebig gegeneinander austauschbar – vielmehr spielen für die Wahl eines Zugangs lokale und globale Kriterien eine Rolle, die auch konkurrierend auftreten können.

C. Mit hochschulmathematischen Werkzeugen Fragestellungen der Schulmathematik vertieft verstehen. Die von der universitären Mathematik bereitgestellten Werkzeuge können an verschiedenen Stellen ein vertieftes Verständnis ermöglichen, wo in der Schulmathematik intuitive Begriffsbildungen und Plausibilitätsargumente genügen müssen. So kann etwa der hochschulmathematische Grenzwertbegriff eine weitergehende Erklärung und Präzisierung dessen liefern, was in der Schule propädeutisch mit „Annäherung" umschrieben wurde. Analytische Argumentationsmittel wie der Mittelwertsatz, die in der Schule nicht verfügbar sind, ermöglichen nun stichhaltige Begründungen – so etwa bei den Ableitungskriterien für Extrema. Beispiele von Funktionen, bei deren Erschließung die propädeutische Behandlung an ihre Grenzen stößt, können zudem die Stärke und Reichweite der hochschulmathematischen Mittel zeigen. Solche Verbindungen herzustellen ist *nötig,* da sonst die Gefahr besteht, dass Hochschulmathematik irrelevant für das künftige Berufsfeld erscheint. Es ist darüber hinaus *ertragreich,* wenn Lehrkräfte dadurch zu einem souveränen und reflektierten Umgang mit Schulmathematik gelangen.

D. Mathematische Arbeitsweisen üben und reflektieren. Die Studierenden haben im Rahmen der Schulmathematik professionstypische Arbeitsweisen von Mathematikern ausschnitthaft erfahren. Beispielsweise kennen sie bestimmte Formen des mathematischen Argumentierens, während sie dem strengen deduktiven Schließen in der Regel erst in Lehrveranstaltungen an der Universität begegnen. Sie haben in der Schule mit mathematischen Begriffen gearbeitet, während der Akt des Definierens als solcher bislang nicht im Vordergrund stand. Es ist *nötig,* dies zu reflektieren, da sonst möglicherweise ein verkürztes Verständnis von professionstypischen Arbeitsweisen und deren Rolle in der Schulmathematik entstehen kann – so könnten Studierende etwa irrtümlich die Überzeugung aufbauen, die Tätigkeit des Beweisens sei im schulischen Mathematikunterricht kaum vorgesehen, weil sie die an der Universität erlebte Praxis nicht mit ihrer Schulerfahrung in Verbindung bringen. Dies zu vernetzen ist *ertragreich,* wenn es dadurch gelingt, Lehrkräfte zu einer stärkeren Identifikation mit den Denk- und Arbeitsweisen des Fachs und dessen Werten zu führen, sodass sie dem schulischen Bildungsanspruch (z. B. im Bereich „Mathematisch argumentieren") besser gerecht werden können.

3.2.3 Schnittstellenaufgaben – Diskussion von Beispielen

Um zu illustrieren, wie diese Ziele in Aufgaben anvisiert werden können, diskutieren wir zwei konkrete Beispiele. Abb. 3.2 zeigt eines zu Zielkategorie D.

Der Kontext der Aufgabe ist die Behandlung von Grenzwerten im Rahmen der Analysis einer Veränderlichen. Die Intention besteht hier darin, die Studierenden zu einer Reflexion des Verhältnisses von Intuition und Präzision anzuleiten – beides kommt in Schul- und Hochschulmathematik vor, spielt aber jeweils eine verschiedene Rolle. In der Aufgabe nutzen die Studierenden zunächst ihre geometrische Intuition, um Erwartungen zu formulieren und

► **Aufgabe.** Anna und Max bewegen sich in der Ebene $\mathbb{R}^2$: Anna läuft auf dem direkten (blauen) Weg, während Max den längeren (roten) Weg nimmt. Wir bezeichnen den *Umweg*, d. h. die Differenz der beiden Wegstrecken, mit $f(x)$.

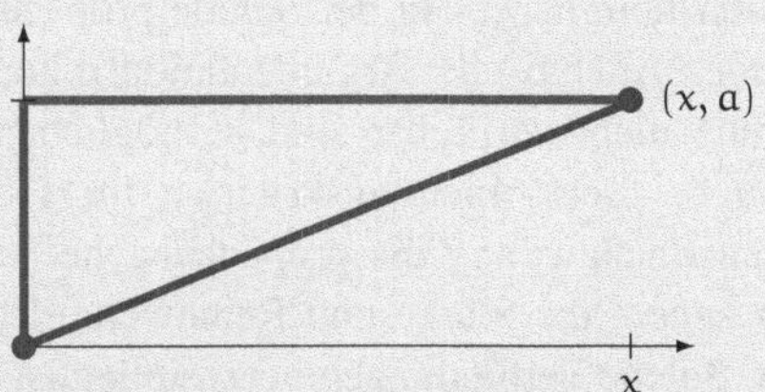

a) **Erwartungen formulieren.** Skizzieren Sie die Situation für einige Werte von x (bei festgehaltenem a) und beschreiben Sie Ihre Erwartung, wie sich $f(x)$ bei wachsendem x entwickeln wird. Geben Sie dann an, welche Antworten Sie aus dem Sachzusammenhang heraus intuitiv auf folgende Fragen erwarten:

   (a) Existiert $\lim_{x \to 0} f(x)$ und welchen Wert hat der Grenzwert?

   (b) Existiert $\lim_{x \to \infty} f(x)$ und welchen Wert hat der Grenzwert?

   (c) Ist f eine monotone Funktion?

b) **Algebraisch und analytisch argumentieren.** Überprüfen Sie nun Ihre in (a) gefundenen Vermutungen durch eine exakte Argumentation: Beschreiben Sie dazu f durch einen algebraischen Ausdruck und untersuchen Sie die betrachteten Grenzwerte durch analytische Argumentation.

Abb. 3.2 Beispiel einer Schnittstellenaufgabe aus Kategorie D. (Aus Bauer 2012, S. 27, in leicht gekürzter Form)

Vermutungen zu generieren. Anschließend erreichen sie Präzision bei der Ausführung eines Beweises, indem sie den Grenzwertkalkül der Analysis einsetzen. Als längerfristiges Ziel will die Aufgabe dazu beitragen, dass die Studierenden lernen, explorierend zu arbeiten, Plausibilitätsbetrachtungen anzustellen und Vermutungen zu generieren.

Ein Beispiel aus Zielkategorie A wird in Abb. 3.3 gezeigt.

Die Aufgabe steht im Kontext der Behandlung des Ableitungsbegriffs im Rahmen der Analysis 1. Sie beleuchtet verschiedene Vorstellungen und Fehlvorstellungen zum Verhältnis von Differenzierbarkeit und Tangenten, indem sie den Bearbeiter auffordert, jede der Formulierungen a) bis d) zu beurteilen. Die Formulierungen in den Teilen a) und b) sind korrekt: Während a) eine der Grundvorstellungen zum Ableitungsbegriff zutreffend wiedergibt, beschreibt das Sich-Annähern der Sekanten in b) korrekterweise die in der Definition der Differenzierbarkeit geforderte Konvergenz der Sekantensteigungen. Die Formulierungen in c) und d) beschreiben dagegen Fehlvorstellungen: In c) kommt eine

► **Aufgabe.** Welche der folgenden Vorstellungen zum Ableitungsbegriff sind zutreffend, bei welchen handelt es sich um Fehlvorstellungen? Erläutern Sie jeweils, warum die Vorstellung zutreffend ist bzw. worin die Fehlvorstellung besteht.

a) Die Ableitung $f'(a)$ einer differenzierbaren Funktion $f : \mathbb{R} \to \mathbb{R}$ in einem Punkt $a \in \mathbb{R}$ gibt die Steigung der Tangente an den Graphen von f im Punkt $(a, f(a))$ an.

b) Es sei $f : \mathbb{R} \to \mathbb{R}$. Für Punkte $a \neq b$ aus $\mathbb{R}$ bezeichne $S_{f,a,b}$ die Gerade in $\mathbb{R}^2$, die durch die Punkte $(a, f(a))$ und $(b, f(b))$ geht (*Sekante*). Die Funktion f ist genau dann differenzierbar in a, wenn sich für jede Folge (a_n), die gegen a konvergiert, die Folge der Sekanten S_{f,a,a_n} einer Grenzgerade annähert, die endliche Steigung hat (d. h. nicht parallel zur y-Achse ist). Ist dies der Fall, so nennen wir diese Gerade die Tangente an f in a.

c) Es sei $f : \mathbb{R} \to \mathbb{R}$ eine differenzierbare Funktion. Dann schneidet die Tangente an f in a den Graphen von f nur im Punkt $(a, f(a))$.

d) Die Funktion $f : \mathbb{R} \to \mathbb{R}$ sei auf $\mathbb{R} \setminus \{a\}$ differenzierbar. Die Tangente an f in x werde mit t_x bezeichnet. Es ist f genau dann in $a \in \mathbb{R}$ differenzierbar, wenn sich t_x für $x \to a$ einer Grenzgerade annähert.

Abb. 3.3 Beispiel einer Schnittstellenaufgabe aus Kategorie A. (Aus Bauer 2012, S. 54)

Vorstellung zum Ausdruck, die durch falsche Verallgemeinerung des elementargeometrischen Begriffs „Tangente an einen Kreis“ entstanden sein kann – es geht hier um den Unterschied zwischen einer (globalen) *Stützgerade* und einer (lokalen) *Schmiegegerade* (siehe hierzu Blum und Törner 1983, S. 94). Die in d) beschriebene Konvergenz der Tangenten liegt zwar nahe am Differenzierbarkeitsbegriff, sie ist jedoch echt stärker, denn sie entspricht der *stetigen* Differenzierbarkeit.

3.2.4 Erweiterung des Schnittstellenkonzepts: Fachliche Längsschnitte

Das Schnittstellenkonzept lässt sich erweitern zur Idee *fachlicher Längsschnitte*. Damit sind Aufgaben gemeint, die das Verhältnis von Schul- und Hochschulmathematik nicht nur punktuell beleuchten, sondern eine bestimmte Fragestellung über mehrere Stufen hinweg verfolgen. Ein erstes Beispiel einer solchen stufenübergreifenden Betrachtung ist bei Hefendehl-Hebeker (1995, S. 38) ausgeführt – Ausgangspunkt ist dabei eine Aufgabe von H. Winter (1984, S. 14):

Welche natürlichen Zahlen lassen sich in der Form *3x-4y* darstellen, wenn man für x und y alle natürlichen Zahlen und die Null zulässt?

Es wird gezeigt, wie diese Aufgabe auf mehreren Stufen gewinnbringend eingesetzt werden kann: Vom Probieren (Stufe 1) zum Ordnen und Strukturieren (Stufe 2), das bereits Zehnjährige leisten können, über das Verwenden der algebraischen Formelsprache (Stufe 3) zu einem Beweis (Stufe 4), der sich verallgemeinern lässt (Stufe 5), bis hin zu einem ringtheoretischen Schluss auf dem Niveau einer Algebra-Vorlesung (Stufe 6).

In Bauer (2013b) wurde die Idee solcher Längsschnitte aufgegriffen und für ein Beispiel aus der Geometrie ausgearbeitet: Unter dem Leitgedanken „Vom Rechtecksumfang zur isoperimetrischen Ungleichung" wird eine Stufung entwickelt, die von Elementargeometrie und elementarer Algebra in der Sekundarstufe I über die Schulanalysis in der Sekundarstufe II hin zur universitären Analysis-Vorlesung führt und bis zu weiterführender Mathematik reicht. Das Diagramm in Abb. 3.4 stellt die Stufung dar und deutet die zugehörigen Fragestellungen an (siehe Bauer 2013b für Einzelheiten).

Eine der Intentionen beim Einsatz solcher Längsschnitte ist es, erlebbar zu machen, wie die stufenweise Erhöhung des Abstraktionsgrads und die Weiterentwicklung der verfügbaren mathematischen Werkzeuge die Reichweite und

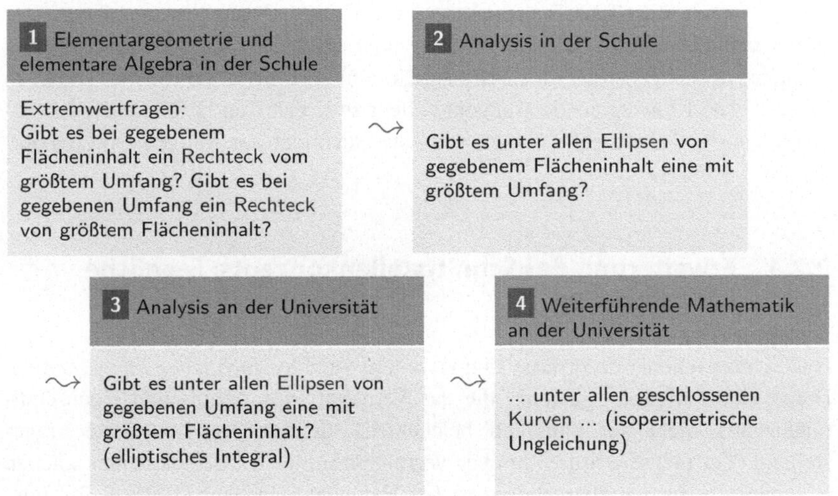

Abb. 3.4 Überblick über den in Bauer (2013b) entwickelten fachlichen Längsschnitt

Tiefe der Untersuchung vergrößert. Gleichzeitig kann das Bewusstsein wachsen, dass sich in den Arbeitsweisen über die Stufen hinweg viele Übereinstimmungen finden.

3.2.5 Grenzen des Schnittstellenkonzepts und Ausblick

Die Entwicklungsarbeiten zum Schnittstellenkonzept lagen bislang überwiegend in der Studieneingangsphase (und dort vorrangig im Modul Analysis). Man wird nicht erwarten, dass diese Einzelmaßnahme das Problem der Doppelten Diskontinuität bereits behebt. Um nachhaltige Wirkung zu erreichen, wird es vielmehr notwendig sein – insbesondere mit Blick auf die zweite Diskontinuität beim Übergang in den Beruf – das Schnittstellenkonzept mit weiteren Maßnahmen zu koppeln. Hierfür gibt es verschiedene Ansatzpunkte: Die Ideen zur Förderung von Reflexive Literacy, die in Abschn. 3.4 vorgestellt werden, können in verschiedenen fachmathematischen Lehrveranstaltungen realisiert werden. Weich und Hoffmann (2017) schlagen „Exkursinhalte" im Rahmen einer Vorlesung zu Grundlagen der Geometrie vor, um Studierenden das „Wesen der Mathematik" zu vermitteln. In Bauer et al. (2016) werden Verbindungen zwischen Schulmathematik und weiterführenden Mathematik-Lehrveranstaltungen hergestellt. Auch Ableitinger et al. (2013) entwerfen Aufgaben zur Vernetzung von Schul- und Hochschulmathematik (Universität Duisburg-Essen).

Auch Maßnahmen zur Professionalisierung wie das in Bauer et al. (im Druck) entwickelte Konzept können hier eine wichtige Funktion haben. Das Konzept ist im Projekt *ProPraxis*[1] verortet und basiert auf einem *doppelten Praxisverständnis* (Laging et al. 2015): Die eigene Auseinandersetzung mit den Fachgegenständen (als „erste Praxis") und die von den Fächern vermittelten Perspektiven werden in sog. *Professionalisierungswerkstätten* thematisiert und anschließend in schulpraktischen Anteilen (als „zweite Praxis") zur Wirkung gebracht.

Das Schnittstellenkonzept zielt sowohl darauf ab, Überzeugungen zu beeinflussen, als auch darauf, zu professionellem Handeln zu befähigen. Die diesbezüglich bei Studierenden erreichten Wirkungen sind bislang noch wenig erforscht. Isaev und Eichler (2017) haben erste Schritte unternommen, um den

[1]ProPraxis ist ein Projekt zur Weiterentwicklung der Lehramtsausbildung an der Philipps-Universität Marburg im Rahmen der von Bund und Ländern geförderten Qualitätsoffensive Lehrerbildung.

Einfluss auf Überzeugungen empirisch zu erfassen. Auch in theoretischer Hinsicht besteht noch Forschungsbedarf, etwa zu der Frage, was eine „gute" Schnittstellenaufgabe ausmacht. Hoffmann (2018, 2019) hat hierfür Kriterien vorgeschlagen.

3.3 Beispiel: Förderung von Theoretical Literacy durch Einsatz von Peer Instruction

Projekte mit Änderungen in der Binnenstruktur von Lehrveranstaltungen sind möglicherweise sogar zahlreicher als die globalen Ansätze. Sie sind aber oft weniger bekannt, weil es in der fachmathematischen Community kaum üblich ist, eigene Ideen und Erprobungen, die sich auf die Lehre beziehen, zu publizieren. Wir beschreiben in diesem und im nächsten Abschnitt zwei niederschwellige Ansätze, deren Ziel es ist, die Studierenden in die oberen zwei Literacy-Stufen zu führen.

Im ersten der zwei Beispiele wird gezeigt, wie die Methode der Peer Instruction in mathematischen Übungsgruppen eingesetzt werden kann, um die Studierenden dort auf der Stufe der Theoretical Literacy fachbezogen zu aktivieren (Bauer, im Druck).

3.3.1 Üben im Mathematikstudium

Es kann als unstrittig gelten, dass in der universitären Mathematikausbildung – wie eigentlich bei jedem Mathematiklernen – dem Üben eine wichtige Rolle zukommt. Es entspricht einer im Kern konstruktivistischen Lernauffassung, Lehren und Lernen so zu organisieren, dass neben Instruktionsphasen (an der Universität hauptsächlich in Vorlesungen) intensive Phasen von Eigentätigkeit durch die Lernenden eingeplant sind. Dabei wird in der fachmathematischen Gemeinschaft der Arbeit an Übungsaufgaben erhebliche Bedeutung zugemessen (zum Beispiel Lehn o. D.). Gerne wird dies auch mit der griffigen Formulierung ausgedrückt, Mathematik sei kein „spectator sport".

Die Arbeit der Studierenden an Übungsaufgaben ist im universitären Betrieb an wöchentliche Übungen gekoppelt. (Hier ist der Lehrveranstaltungstyp „Übung" gemeint.) An diese werden zahlreiche Anforderungen gestellt: So sollen die Studierenden Fragen stellen können, um sie mit Unterstützung durch die Tutoren zu klären, und die in den Übungsaufgaben und in der Vorlesung behandelten Inhalte sollen durch Diskussion vertieft werden. Die Tutoren, die an den meisten Standorten überwiegend Studierende höherer Semester sind, stehen dabei einer anspruchsvollen Aufgabe gegenüber (vgl. Biehler et al. 2012). Durch Tutorenschulungen können sie hierauf nur teilweise vorbereitet werden – so können solche Schulungen zwar oft unterrichtsmethodisch unterstützen, sie bieten jedoch kaum Gelegenheit, um stoffbezogene mathematikdidaktische Fähigkeiten aufzubauen. Viele Dozenten beobachten daher, dass die Effektivität der Übungen sehr vom Geschick des einzelnen Tutors abhängt. Zudem verfügen Studierende – gerade in der Studieneingangsphase – oftmals noch nicht über effektive Lernstrategien für universitäres Lernen und sind verständlicherweise gehemmt, die Diskussion in der Übung durch offene Artikulation eigener Verständnisprobleme in Gang zu bringen.

3.3.2 Aktivierung von Studierenden

Die beschriebene Problematik drängt zu der Frage nach methodischen Gestaltungsmöglichkeiten für Übungsgruppen, die für Tutoren in einfacher Weise umsetzbar sind und zugleich zu wirksamer Aktivierung der Teilnehmer führen. Dabei ist das Ziel nicht eine äußere Aktivierung (um der Aktivität willen), sondern eine fachbezogene *fokussierte Aktivierung* (vgl. Renkl 2011). Nach Chi (2009) haben insbesondere Methoden, die Interaktionen zwischen Lernenden beinhalten, ein hohes Potenzial, lernförderlich zu wirken. Fonseca und Chi (2011) unterscheiden hierbei vier Kategorien von Handlungen beim Mathematiklernen (siehe Tab. 3.1).

Zu beachten ist hierbei, dass in dieser Kategorisierung lediglich das *beobachtete* Verhalten herangezogen wird. Das Zuhören bei einer Vorlesung kann durchaus mit einem konstruktiven Prozess verbunden sein, etwa wenn der Hörer dabei Selbsterklärungen bildet.

Tab. 3.1 Kategorien von Handlungen beim Mathematiklernen nach Fonseca und Chi (2011)

Passiv	Aktiv	Konstruktiv	Interaktiv
Einer Vorlesung zuhören, ein Video ansehen, einen Text lesen	Notizen anfertigen, eine Zusammenfassung schreiben	Selbsterklärungen geben, Fragen stellen, Diagramme zeichnen, Beispiele bilden, Aufgaben bearbeiten	Gegenseitig fragen und antworten, eigene Behauptungen begründen, die Behauptungen des Partners infrage stellen

3.3.3 Die Idee der Peer Instruction

Besonders attraktiv erscheint vor diesem Hintergrund die interaktive Methode der Peer Instruction, die von Eric Mazur (1997) für die universitäre Physikausbildung entwickelt wurde. Während sie bei Mazur in einem Flipped-Classroom-Szenario verwendet wird, soll im Folgenden gezeigt werden, wie sie in mathematischen Übungsgruppen nutzbar gemacht werden kann.

Die Grundidee besteht in herausfordernden konzeptuellen Fragen (in Mazurs Terminologie *ConcepTest* genannt), zu denen Studierende in Kleingruppen verschiedene Standpunkte diskutieren. Entscheidend ist dabei, dass die Fragen nicht einfach durch Memorieren von Fakten oder per Rechnung beantwortbar sind. Bezogen auf das in Kap. 2 entwickelte Literacy-Modell können wir sagen, dass der Fokus auf konzeptuelles Wissen den Übergang zur Theoretical Literacy befördern soll. Das folgende Beispiel illustriert diesen Ansatz. Den Studierenden wird eine Aufgabe wie in Abb. 3.5 vorgelegt.

Der weitere methodische Ablauf ist dann wie folgt:

1. *ConcepTest* (ca. 2–5 min, Einzelarbeit): Die Studierenden lesen die Frage und überlegen, welche Argumente für und gegen die Antwortalternativen sprechen.

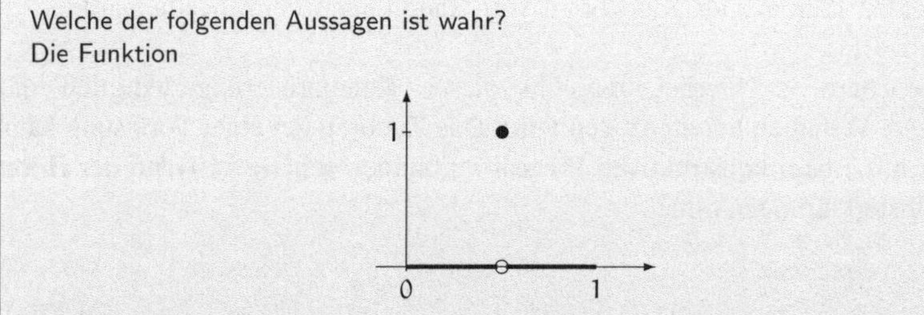

(1) ist nicht integrierbar, weil sie weder stetig noch monoton ist
(2) ist integrierbar, weil alle Untersummen und alle Obersummen gleich 0 sind.
(3) ist nicht integrierbar, weil es Zerlegungen gibt, bei denen die Untersumme gleich 0 und die Obersumme gleich 1 ist.
(4) ist integrierbar, weil es für jedes $k \in \mathbb{N}$ Zerlegungen Z_k gibt, bei denen die Untersumme gleich 0 und die Obersumme gleich $1/k$ ist

Abb. 3.5 Beispiel für einen ConcepTest zum Integrierbarkeitsbegriff aus Bauer (im Druck)

2. *Voting 1:* Durch eine Abstimmung entscheiden sich die Studierenden für eine der Antwortalternativen.
3. *Gruppendiskussion* (ca. 5–10 min, je 2–3 Studierende): Die Studierenden diskutieren in Kleingruppen und versuchen, sich gegenseitig mit den gefundenen Argumenten zu überzeugen.
4. *Voting 2:* Die Studierenden entscheiden sich auf Grundlage der Diskussion erneut für eine der Antwortalternativen. (Es hat sich bewährt, die Aufgaben im Modus der *Einfachauswahl* zu konzipieren, d. h. mit genau einer richtigen Antwort.)
5. (optional) Die Lehrperson klärt abschließend Fragen und Unklarheiten.

Als Zwischenfazit lässt sich festhalten, dass die Methode der Peer Instruction in Bezug auf die oben erörterte Problematik mathematischer Übungsgruppen eine Reihe von attraktiven Aspekten hat:

- Sie ist ein unterrichtsmethodisch einfaches Konzept und ist daher potenziell geeignet zum Einsatz durch studentische Tutoren. Diese können in der methodischen Durchführung geschult werden, während die konzeptionelle Arbeit (der Entwurf von Aufgaben) vom Dozenten vorab geleistet wird.
- Sie lässt sich aus mehreren Perspektiven stützen: So ermöglicht sie Aktivierung in Form von fokussierter Informationsverarbeitung im Sinne von Renkl (2011), sie betont die Rolle der Interaktion (Chi 2009; Fonseca und Chi 2011) wie auch des Peer Learning (vgl. Wentzel und Watkins 2011).
- Sie steht im Einklang mit interaktionistischen Sichtweisen auf das Lernen (vgl. Bauersfeld 2000).

3.3.4 Entwurf von Aufgaben für Peer Instruction

Für die Wirkung der Methode ist die Gruppendiskussionsphase entscheidend. Hier geht es darum, wie die Studierenden über das betrachtete Theorieelement (ein Begriff oder ein Satz) jenseits einer memorierten Formulierung denken. Beim Lernen von Begriffen lässt sich dies mit den Konstrukten *Concept Definition* und *Concept Image* nach Tall und Vinner (1981) beschreiben: Während die *Concept Definition* die (schriftlich niederlegbare) Begriffsdefinition meint, beschreibt *Concept Image* die individuell verschiedene gedankliche Struktur, die der Lernende dazu aufgebaut hat. Für die Entwicklung von Aufgaben zur Peer Instruction wurde in Bauer (im Druck) ein dreistufiges Modell entwickelt, das die Elemente des Begriffsverstehens in diesem Sinne aufgliedert (siehe Tab. 3.2).

Tab. 3.2 Wissenselemente beim Begriffs- und Satzlernen. (Nach Bauer, im Druck)

<table>
<tr><td>Stufe 1</td><td>Concept Definition</td><td>Eine Definition des Begriffs präzise formulieren können, den Begriff gegen andere abgrenzen können</td><td>Theorem Statement</td><td>Eine präzise Satzformulierung angeben können (Voraussetzungen und Konklusion herausstellen können)</td></tr>
<tr><td>Stufe 2</td><td rowspan="2">Concept Image</td><td>Sinn und Bedeutung verstehen: Begriffsinhalt, Begriffsumfang und das Begriffsnetz (Bezug zu anderen Begriffen) kennen</td><td rowspan="2">Theorem Image</td><td>Sinn und Bedeutung verstehen: die Satzaussage inhaltlich erklären können (auch grafisch oder mit Diagrammen), alternative Formulierungen angeben können</td></tr>
<tr><td>Stufe 3</td><td>Den Begriff verwenden können: innerhalb des Theoriezusammenhangs, in Standardbeispielen und -anwendungen</td><td>Den Satz verwenden können: innerhalb des Theoriezusammenhangs, in Standardbeispielen und -anwendungen</td></tr>
</table>

Zusätzlich ist darin für das Lernen von Sätzen eine Modellierung vorgenommen, die in Analogie zu Tall und Vinner von *Theorem Statement* und *Theorem Image* spricht. Die von Selden und Selden (1995) eingeführte Sprechweise vom *Statement Image* umfasst dann sowohl das Concept Image als auch das Theorem Image.

Wir zeigen nun an konkreten Aufgabenbeispielen, wie dieses Modell beim Entwurf von Aufgaben zum Einsatz kommen kann. Das folgende Beispiel zur mehrdimensionalen Differentiation bearbeitet das Concept Image zum Begriff Gradient (siehe Abb. 3.6).

Hier wird auf Stufe 2 des Modells gearbeitet: Um die gestellte Frage zu beantworten, muss der Bearbeiter den Begriff des Gradienten mit Vorstellungen zur Tangentialebene verbinden (Begriffsinhalt). Gleichzeitig wird die Vernetzung der Begriffe Gradient und Extremum aktiviert (Begriffsnetz): Wenn die Schlüsse auf (B) oder (C) widerlegt werden (dies sind bekannte Fehlschlüsse), werden Beispielfunktionen benötigt wie $(x,y) \to x^2 - y^2$, die im Ursprung kein Extremum hat, bzw. $(x,y) \to x^2$, die die x-y-Ebene nicht nur im Ursprung schneidet (dies betrifft den Begriffsumfang).

Das Beispiel in Abb. 3.7 zeigt, wie innerhalb einer Aufgabe sowohl am Begriffsverstehen als auch am Satzverstehen gearbeitet werden kann. Einerseits

Das Bild zeigt den Graphen der Funktion

$$f : \mathbb{R}^2 \to \mathbb{R}, \ (x, y) \mapsto x^2 + y^2$$

Ihr Gradient im Nullpunkt ist der Nullvektor und sie hat folgende Eigenschaften:

(A) Die Tangentialebene im Ursprung ist die x-y-Ebene.
(B) Die x-y-Ebene schneidet den Graphen nur im Punkt $(0, 0)$.
(C) Die Funktion hat im Nullpunkt ein Extremum.

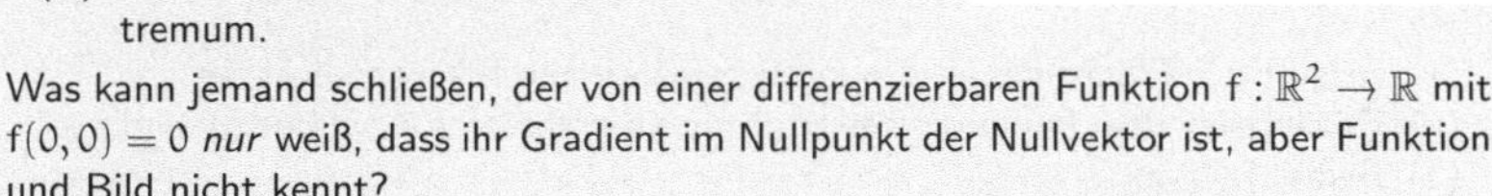

Was kann jemand schließen, der von einer differenzierbaren Funktion $f : \mathbb{R}^2 \to \mathbb{R}$ mit $f(0, 0) = 0$ *nur* weiß, dass ihr Gradient im Nullpunkt der Nullvektor ist, aber Funktion und Bild nicht kennt?

(1) nur (A)
(2) nur (B)
(3) nur (C)
(4) (A) und (B), aber nicht (C)

Abb. 3.6 Beispiel für einen ConcepTest zur Analysis mehrerer Veränderlicher. (Aus Bauer, im Druck)

betrifft sie die Verwendung des Mittelwertsatzes der Integralrechnung (Theorem Image, Stufe 3), aber es werden auch Vorstellungen zum Integral (Concept Image, Stufe 2) bearbeitet.

Für die Beantwortung benötigt man zunächst adäquate Vorstellungen zum Integral, um $F(x+h) - F(x)$ als Inhalt des markierten Flächenstücks zu erkennen – hierdurch wird Antwort (1) als falsch erkannt. Dann kann mit dem Mittelwertsatz der Integralrechnung begründet werden (Theorem Image, Stufe 3), dass dieser Inhalt gleich $h \cdot f(c)$ für ein geeignetes c zwischen x und $x+h$ ist – hierdurch wird gezeigt, dass Antwort (2) richtig ist.

3.3.5 Fragen mit inhärentem Argumentationspotenzial

Damit in der Phase der Gruppendiskussion die erwünschte intensive argumentative Auseinandersetzung zwischen den Gruppenmitgliedern entsteht, ist es entscheidend, Fragen zu stellen, denen ein solches Anregungspotenzial inhärent ist. Ein Anti-Beispiel verdeutlicht dies (siehe Abb. 3.8).

Im folgendem Bild ist der Graph einer stetigen Funktion f zu sehen. Wir betrachten zu festem a die Integralfunktion

$$F : x \mapsto \int_a^x f(t)\,dt$$

Welche Aussage über den Ausdruck

$$\frac{F(x+h) - F(x)}{h}$$

ist richtig?

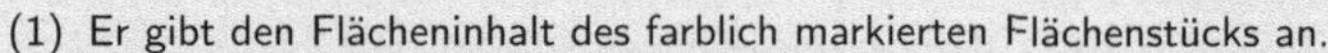

(1) Er gibt den Flächeninhalt des farblich markierten Flächenstücks an.
(2) Er ist gleich dem Funktionswert $f(c)$ für ein geeignetes c zwischen x und $x+h$.
(3) Beides ist richtig.
(4) Keines von beiden ist richtig.

Abb. 3.7 Beispiel für einen ConcepTest zum eindimensionalen Integral. (Aus Bauer, im Druck)

Welche der folgenden Bedingungen drückt aus, dass die Folge (a_n) eine Cauchy-Folge ist?

(1) $\forall \varepsilon > 0\ \forall N \in \mathbb{N}\ \exists n, m \geq N : |a_n - a_m| < \varepsilon$
(2) $\forall \varepsilon > 0\ \exists N \in \mathbb{N}\ \forall n, m \geq N : |a_n - a_m| < \varepsilon$
(3) $\exists \varepsilon > 0\ \forall N \in \mathbb{N}\ \exists n, m \geq N : |a_n - a_m| < \varepsilon$
(4) $\exists \varepsilon > 0\ \exists N \in \mathbb{N}\ \forall n, m \geq N : |a_n - a_m| < \varepsilon$

Abb. 3.8 Beispiel einer Aufgabe, die sich so nicht für Peer Instruction eignet. (Aus Bauer, im Druck)

Diese Aufgabe könnte Ausgangspunkt für eine fruchtbare Diskussion zum Begriff *Cauchy-Folge* sein, *wenn* ein Moderator die Diskussion steuert: Man könnte diskutieren, wie die einzelnen Formulierungen in natürlicher Sprache ausgedrückt werden können, welche inhaltliche Bedeutung sie haben, welche Implikationen es eventuell zwischen ihnen gibt und welche Beispiele von Folgen man kennt, die die jeweiligen Bedingungen erfüllen oder nicht erfüllen. Eine solche Diskussion enthält wichtige Aspekte für das Verstehen des Begriffs *Cauchy-Folge* und kann sehr gewinnbringend für den Umgang mit Quantoren sein. Jedoch: Solche Aktivitäten sind in der Frage nicht angelegt. Sie lässt sich stattdessen einfach mit einer auswendig gemerkten oder im Lehrbuch nachgeschlagenen Formulierung der Concept Definition beantworten. Man kann daher nicht erwarten, dass eine unbegleitete Diskussion unter Studierenden sich von alleine so fruchtbar entwickelt. Eine besser geeignete Alternative ist die Folgende (siehe Abb. 3.9).

In dieser Version der Aufgabe reicht es nicht aus, eine erinnerte Concept Definition abzurufen, sondern es ist notwendig, das eigene Concept Image auf das konkrete Beispiel zu beziehen, um den hier provozierten kognitiven Konflikt aufzulösen. So können Vorstellungen gefestigt und ggf. Fehlvorstellungen aufgedeckt werden.

3.3.6 Bemerkungen zur Umsetzung

Peer Instruction stellt einen erfreulich niederschwelligen Ansatz dar, da der Einsatz keinerlei Reformanstrengungen auf Studiengangsebene erfordert. Die Konstruktion der Aufgaben ist allerdings keineswegs trivial: So werden Aufgaben benötigt, die

- zum konzeptuellen Kern vordringen (im Gegensatz zum Abfragen von Faktenwissen),
- genügend inhärentes Argumentationspotenzial haben, um zu produktiven Diskussionen anzuregen,

> Jemand betrachtet die durch $a_n := \sqrt{n}$ definierte Folge (a_n). Er beweist:
>
> (i) $a_n \to \infty$
> (ii) $|a_{n+1} - a_n| \to 0$
>
> Er sagt: „Die Folge ist wegen (i) nicht konvergent und wegen (ii) eine Cauchy-Folge." und er sieht darin einen Widerspruch zu seinem Wissen aus der Analysis-Vorlesung. Wodurch wird dieser Widerspruch aufgelöst?
>
> (1) Die Folge ist konvergent.
> (2) Die Folge ist bestimmt divergent.
> (3) Die Folge ist keine Cauchy-Folge.
> (4) Es gibt Cauchy-Folgen, die nicht konvergent sind.

Abb. 3.9 Eine besser geeignete Alternative zu der Aufgabe aus Abb. 3.8. (Aus Bauer, im Druck)

- einen passenden Schwierigkeitsgrad haben. Crouch et al. (2007) empfehlen Aufgaben, die von ca. 35–70 % der Studierenden sofort richtig beantwortet werden. Hierfür benötigt man Design-Iterationen (z. B. mit einem Vortest und Feedback der Tutoren zu den Aufgaben, vgl. Bauer, im Druck).

Erste Ergebnisse, die durch systematisch erhobenes Feedback zu den einzelnen Aufgaben und durch eine Evaluation am Ende des Pilotdurchgangs gewonnen wurden, sind sehr ermutigend (siehe Bauer, im Druck, Abschn. 5.2 bzw. 5.3, für Einzelheiten) und zeigen eine positive Akzeptanz der Methode sowohl bei Studierenden als auch bei den Tutoren: Die Studierenden nehmen die Methode in großer Mehrheit positiv auf, schätzen sie als gewinnbringend für ihr Lernen ein und wünschten sich den weiteren Einsatz der Methode. Dass es auch Studierende gibt, die die Methode ablehnen, steht in Einklang mit Ergebnissen von Crouch und Mazur (2001) aus dem Fach Physik. Einer der Gründe hierfür könnte sein, dass stark introvertierte Studierende solche auf Diskurs ausgelegten Unterrichtsmethoden als eher unangenehm empfinden; leistungsschwache Studierende sind zudem mit der Situation konfrontiert, dass ihre Defizite in den Diskussionen für die Kommilitonen sichtbar werden.

Die Evaluation bei den Tutoren zeigte insbesondere, dass die Methode wie erwartet gut umsetzbar war und eine kurze Schulung vor Semesterbeginn ausreichte, um den Tutoren Sicherheit im Umgang mit der Methode zu geben. Hinsichtlich der Wirkung berichtet ein Tutor zur oben gezeigten Aufgabe zur Integration: „Großer Aha-Effekt, wie so eine Ober- bzw. Untersumme sich überhaupt berechnet". Während der Dozent denken konnte, dass bereits in der Vorlesung das Verständnis für den neuen Begriff gut aufgebaut wurde, hat offenbar erst die Gruppendiskussionsphase das notwendige „Aha" erbracht.

3.4 Beispiel: Förderung von Reflexive Literacy durch Aufgaben mit Forschungselementen

Während der Blick im vorigen Abschnitt auf die Präsenzarbeit in mathematischen Übungsgruppen gerichtet war, soll nun ein zweites Kernelement des Mathematikstudiums ins Auge gefasst werden: häusliche Übungsaufgaben. Diese werden in der Regel vorlesungsbegleitend in wöchentlichem Turnus gestellt und gehören zum Standardrepertoire der universitären Arbeitsformen. Wir stellen hier einen Ansatz vor, dessen Ziel es ist, dieses Übungsformat durch den Einsatz von Aufgaben mit „Forschungselementen" noch effektiver zu machen, indem es einen Beitrag zum Erwerb von Reflexive Literacy leistet.

3.4.1 Aufgaben zum induktiven Schließen

Übungsaufgaben der Art „Zeigen Sie, dass …“, die einen Satz vorgeben und einen Beweis fordern, bilden ein bewährtes Format von Problemlöseaufgaben in der Mathematikausbildung. Die Aufgabe in Abb. 3.10 zeigt dies an einem Beispiel aus der Algebra.

In der mathematischen Forschung gehen dem Beweisen allerdings in der Regel andere Phasen voraus: Idealtypisch kann man die Phasen

Exploration (etwa an Beispielen) $\rightarrow$ Generieren einer Vermutung $\rightarrow$ Beweis

unterscheiden. Solche Prozesse zu verstehen und selbst vollziehen zu können ist wesentlich für den Übergang von der theoretischen zur reflexiven Literacy-Stufe. Lässt sich dies in Übungsaufgaben darstellen und üben? Ein erster (naiver) Versuch könnte wie in Abb. 3.11 aussehen.

Unklar ist hier allerdings, auf welchem Wege die Studierenden eine Vermutung generieren sollen, wenn sie nicht darin geübt sind, eigenständig zu explorieren. Wann und wo lernen sie dies? Wann praktizieren sie es selbst? Ein Vorschlag, um diesem Problem Rechnung zu tragen, wird in Bauer (2018) vorgestellt: Die Idee besteht darin, in der Aufgabe selbst explizit zu Tätigkeiten aufzufordern, die ein Mathematiker in dieser Situation ausüben würde (Scaffolding) (siehe Abb. 3.12).

Die Intention dieser Version liegt darin, Studierende dazu anzuleiten, dass sie die gegebenen Beispiele *generisch* betrachten, um auf diese Weise Argumente zu abstrahieren, die sie im nachfolgenden Beweis nutzen können. Damit dies gelingen kann, ist es notwendig, die Aufgabe so anzulegen, dass *Cognitive Unity* möglich ist (siehe Boero et al. 1996; Garuti et al. 1998): Die im Zuge des Explorierens angestellten Überlegungen sollen als Bausteine für den nachfolgend durchgeführten Beweis verwendbar sein. Im vorliegenden Beispiel ist

Aufgabe: Exponent einer endlichen Gruppe
Ist G eine endliche Gruppe, so heißt die Zahl

$$\exp(G) := \min\{n \in \mathbb{N} \mid \forall a \in G : a^n = 1\}$$

der *Exponent* von G.
Zeigen Sie, dass exp(G) das kleinste gemeinsame Vielfache der Ordnungen aller Elemente von G ist.

Abb. 3.10 Beispiel einer Beweisaufgabe zur Gruppentheorie. (Aus Bauer 2018)

Aufgabe: Exponent einer endlichen Gruppe
Ist G eine endliche Gruppe, so heißt die Zahl

$$\exp(G) := \min\{n \in \mathbb{N} \mid \forall a \in G : a^n = 1\}$$

der *Exponent* von G.
Stellen Sie eine Vermutung auf, wie exp(G) mit den Ordnungen der Elemente von G zusammenhängt und beweisen Sie Ihre Vermutung.

Abb. 3.11 Naive Umformulierung der obigen Beweisaufgabe

Aufgabe: Exponent einer endlichen Gruppe

(a) Bestimmen Sie für die folgenden Gruppen G jeweils die kleinste natürliche Zahl n, die die Eigenschaft $a^n = 1$ für alle $a \in G$ hat:
   (i) $G = D_3$ (die Symmetriegruppe eines gleichseitigen Dreiecks)
   (ii) $G = \mathbb{Z}/2\mathbb{Z} \times \mathbb{Z}/3\mathbb{Z} \times \mathbb{Z}/4\mathbb{Z}$
(b) Ist G eine endliche Gruppe, so heißt die Zahl n mit der in (a) betrachteten Eigenschaft der *Exponent* der Gruppe G, in Zeichen: exp(G).
Stellen Sie eine Vermutung auf, wie exp(G) mit den Ordnungen der Elemente von G zusammenhängt und beweisen Sie Ihre Vermutung.

Abb. 3.12 Umarbeitung der Beweisaufgabe aus Abb. 3.10 zu einer Aufgabe, die Forschungselemente zum Vermuten und Beweisen enthält. (Aus Bauer 2018)

dies möglich: Wer etwa in Beispiel (i) für jedes Gruppenelement a die kleinste Zahl n bestimmt, für die $a^n = 1$ gilt (d. h. wer die Ordnungen der Gruppenelemente ermittelt), kann erkennen, dass eine Zahl n, die dies für *alle* Gruppenelemente erfüllt, ein Vielfaches der gefundenen Ordnungen sein muss. Wenn in Aufgabenteil (b) gefordert ist, eine Vermutung aufzustellen, muss man sich von den konkreten Gruppen und den konkret gefundenen Zahlenwerten lösen und die Beispiele nun *generisch* betrachten. Man kann so zur Vermutung gelangen, dass der Exponent das kleinste gemeinsame Vielfache der Ordnungen ist. Das Vielfachenargument kann also bei der Arbeit an den Beispielen entstehen und dann beim Beweis dieser allgemeinen Vermutung weiterverwendet werden. Hierin liegt in diesem Fall die *Cognitive Unity* zwischen Vermutung und Beweis.

Es ist zu bedenken, dass nicht jede Art der Exploration Cognitive Unity ermöglicht. In Bauer (2018) wird dies an einem Beispiel aus der Algebraischen

Geometrie gezeigt: Eine geometrische Exploration kann im betreffenden Beispiel zwar zur Formulierung einer zutreffenden Vermutung führen, aber der anschließend zu führende Beweis dieser Vermutung erfordert ganz andere, nämlich algebraische, Methoden, die durch die Exploration in keiner Weise nahegelegt werden – es liegt ein *Cognitive Break* vor (vgl. Pedemonte 2002).

3.4.2 Aufgaben zum deduktiven Mutmaßen

Das vorige Beispiel betont die Bedeutung des *induktiven Schließens,* bei dem Konzepte oder Prinzipien aus der Betrachtung von Beispielen abstrahiert oder extrahiert werden. Polyas Formulierung „Man muss einen mathematischen Satz erraten, ehe man ihn beweist" (Polya 1969, S. 10) überspitzt dies allerdings, denn man kann einen mathematischen Satz durchaus auch entdecken und *gleichzeitig* beweisen. Berendonk (2014) betont dies mit Verweis auf Lakatos (1979), der dieses Vorgehen als *deduktives Mutmaßen* bezeichnet. Auch De Villiers (1990) spricht dies in seiner Systematik der Beweisfunktionen an, wenn er das *Entdecken* als eine der Funktionen des Beweisens anerkennt.

Wir entwickeln dazu ein Beispiel im Gebiet Algebra und gehen aus von einer Aufgabe zur Anzahl Nullstellen eines Polynoms über einem Integritätsring. Eine klassische Version fordert direkt zu einem Beweis auf, hier mit der Zusatzanforderung, den Beweis ohne Polynomdivision zu führen (siehe Abb. 3.13).

Eine Umarbeitung zu einer Aufgabe zum deduktiven Mutmaßen könnte wie in Abb. 3.14 aussehen.

Der Bearbeiter der Aufgabe kann die Schranke für die Anzahl der Nullstellen beim Lösen der Aufgabe selbst finden und sie gleichzeitig beweisen. Er erlebt an diesem Beispiel also die Entdeckungsfunktion von Beweisen. Ein Vorzug dieser Version liegt zudem darin, dass sie zu heuristischen Strategien anleitet: Zunächst wird ein Spezialfall betrachtet – in der Systematik von Schreiber (2011) wird ein *Variationsheurismus* verwendet. Der bei der Beweisfindung anschließend

Aufgabe: Nullstellen von Polynomen

Beweisen Sie: Ist R ein Integritätsring und f ein Polynom aus $R[X]$ vom Grad $d \geq 0$, so hat f höchstens d Nullstellen in R. (Finden Sie einen Beweis, der ohne Polynomdivision auskommt.)

Abb. 3.13 Klassische Beweisaufgabe zu Polynomen. (Aus Bauer 2018)

Aufgabe: Nullstellen von Polynomen

Es sei R ein Integritätsring und f ein Polynom aus R[X] vom Grad $d \geq 0$. Finden und beweisen Sie auf dem folgenden Weg eine Schranke für die Anzahl der Nullstellen von f in R:

(a) Angenommen, 0 ist eine Nullstelle des Polynoms $f = a_d X^d + \ldots + a_0$. Werten Sie die Gleichung $f(0) = 0$ aus, um zu zeigen, dass f sich faktorisieren lässt.
(b) Verallgemeinern Sie das Ergebnis aus (a) auf beliebige Nullstellen $a \in R$, indem Sie überlegen, wie Sie den allgemeinen Fall durch Verschieben auf den in (a) betrachteten Spezialfall zurückführen können.
(c) Welche Schranke für die Anzahl Nullstellen lässt sich durch iterierte Anwendung des Ergebnisses aus (b) gewinnen?

Abb. 3.14 Umarbeitung der Beweisaufgabe aus Abb. 3.13 zu einer Aufgabe mit Forschungselementen zum deduktiven Schließen. (Aus Bauer 2018)

eingesetzte *Reduktionsheurismus* wird durch die Aufgabenformulierung explizit sichtbar gemacht: „allgemeinen Fall […] auf den […] Spezialfall zurückführen", „iterierte Anwendung". Die Intention dabei ist, die aufgabenunabhängigen Strategien so an die Oberfläche zu bringen, dass sie auch für spätere Situationen zugreifbar sind.

3.4.3 Bezug zum forschungsnahen Lehren und Lernen

Der Einsatz solcher Aufgaben ist keineswegs als Ersatz für klassische Beweisaufgaben gedacht, sondern soll komplementär zu diesen verstanden werden. Wir erläutern im Folgenden, wie sie als Schritt in Richtung forschungsnahen Lehrens und Lernens im Sinne von Huber (2014) verstanden werden können.

Von „forschendem Lernen" in reiner Form lässt sich nur sprechen, wenn dabei ein objektiver Erkenntnisgewinn (im Gegensatz zu einem subjektiven Erkenntnisgewinn des Individuums) entsteht. Huber (2009) definiert es demgemäß so:

> „Forschendes Lernen zeichnet sich vor anderen Lernformen dadurch aus, dass die Lernenden den Prozess eines Forschungsvorhabens, das auf die Gewinnung von auch für Dritte interessanten Erkenntnissen gerichtet ist, in seinen wesentlichen Phasen […] (mit)gestalten, erfahren und reflektieren."

Der Anspruch, wirklich neue fachliche Erkenntnisse zu erzielen, wird im fachmathematischen Teil der Lehramtsausbildung kaum einzulösen sein, schon angesichts des dort verfügbaren Ausbildungsvolumens. Hilfreich ist die bei Huber (2014) vorgenommene Unterscheidung in *forschungsbasiertes, forschungsorientiertes* und *forschendes Lernen.* Die drei Formen fasst Huber unter den Oberbegriff *forschungsnahes Lernen* zusammen. Neben dem „forschenden Lernen" werden hierbei also zwei verwandte Formen einbezogen. Reinmann (2016) kommt aus etwas anderer Perspektive zu einer Unterscheidung, die sich mit der Ausdifferenzierung von Huber zur Deckung bringen lässt:

A) Lernen *durch* (eigene) Forschung (forschendes Lernen)
B) Lernen *für* (spätere) Forschung (forschungsorientiertes Lernen)
C) Lernen *über* Forschung (forschungsbasiertes Lernen)

Während (A) in der fachmathematischen Lehramtsausbildung kaum realisierbar ist, da man nur in Ausnahmefällen zu authentischer Forschung vordringen wird, und (B) dort nicht vorrangig angestrebt wird, da das Berufsziel ein anderes ist, halten wir (C) auch in der Lehramtsausbildung für ein wichtiges Ziel – es dient dem Erreichen von Reflexive Literacy (siehe Kap. 2).

Die hier vorgeschlagenen Aufgaben lassen sich sicherlich nicht dem forschenden Lernen im Sinne von (A) zuordnen. Sie enthalten aber Prozessschritte, die (idealisiert) einem authentischen Forschungsprozess entsprechen. Insofern können sie durchaus zum Lernen *für* spätere Forschung (B) und jedenfalls zum Lernen *über* Forschung (C) dienen und damit in der Lehramtsausbildung eine wichtige Funktion erfüllen. Huber (2009) spricht sich ausdrücklich dafür aus, universitäre Lernsituationen in Annäherung an Forschungsprozesse zu inszenieren:

> „[…] Sichtbarmachen und Thematisieren des Forschungsvorganges (nicht nur der Resultate!) ist wichtig genug und kann bereits in den klassischen akademischen Lehrformen geleistet werden."

Solche Bemühungen, die in allen drei Formen (A)–(C) Ausdruck finden können, halten wir für wichtig, werden doch in klassischen Übungsaufgaben zahlreiche Baustein-Fähigkeiten geübt (wie „Weisen Sie nach, dass die Gruppe G auf der Menge X operiert"), die eine wesentliche Grundlage für das Arbeiten auf höheren Stufen sind – zu denen das Lehramtsstudium aber meist nicht vordringt.

4 Bilanz und Anschlussfragen

In Kap. 1 haben wir grundlegende Probleme des gymnasialen Lehramtsstudiums aufgezeigt und diesen in Kap. 2 wünschenswerte Zielvorstellungen gegenübergestellt. Kap. 3 thematisiert Ansätze, mit diesen Befunden konstruktiv umzugehen. Wir hoffen, mit diesen Ausführungen eine möglichst lebendige Diskussion anzuregen.

Um den hier entfalteten Problemkreis produktiv weiterzubearbeiten ist ein intensiver Austausch zu den angesprochenen Fragen, Zielsetzungen und Lösungsansätzen von grundlegender Bedeutung. Wir schlagen vor, dass hierfür auch für Fachwissenschaftler weitere Gelegenheiten und positive Anreize geschaffen werden, denn in der fachmathematischen Gemeinschaft gibt es keine ausgeprägte Tradition, eigene Ideen und Ansätze für die Lehre bekannt zu machen. Um darüber hinaus den Dialog und Austausch zwischen allen beteiligten Akteuren (aus Fachwissenschaft, Fachdidaktik und den Bezugswissenschaften) zu fördern, bietet die Hochschuldidaktik als „Emerging Field" ein sehr geeignetes Forum. Das Kompetenzzentrum Hochschuldidaktik Mathematik (khdm) mit Arbeitsgruppen wie WiGemath, das Hanse-Kolloquium zur Hochschuldidaktik der Mathematik und der Arbeitskreis HochschulMathematikDidaktik leisten hier bereits wertvolle Arbeit.

Grundlegende Fragen wie die folgenden sind dabei zu bearbeiten:

- *Wie lassen sich Stoffumfang und Eindringtiefe ausbalancieren?* Dies stellt ein anspruchsvolles Optimierungsproblem dar. Die scheinbar einfache Lösung, die Lehramtsausbildung als verkürzte Fachausbildung anzulegen, greift hierbei zu kurz, denn „verkürzt" kann allzu leicht so interpretiert werden, dass die Ausbildung auf niedrigen Literacy-Stufen verbleibt.

T. Bauer und L. Hefendehl-Hebeker, *Mathematikstudium für das Lehramt an Gymnasien*, essentials, https://doi.org/10.1007/978-3-658-26682-0_4

- *In welchem Umfang sind eigene Lehrveranstaltungen im Lehramtsstudium sinnvoll?* Auch hierfür gibt es keine einfachen Antworten. Falls solche eigenen Lehrveranstaltungen durchgeführt werden, dann sollten diese ein spezifisches Profil erhalten im Sinne der Zielsetzungen, die wir in diesem Beitrag beschrieben haben. So wäre etwa ein Plan wie „die schwierigen Beweise weglassen" eine Simplifizierung, die diesem Anspruch sicher nicht genügt.

Als grundlegende Begleitmaßnahme halten wir eine flankierende Bewusstseinsbildung in allen tangierten Bereichen für notwendig. Die beteiligten Akteure sollten die Lehrerbildung als Feld gemeinsamer Verantwortung verstehen. Dabei sollen die hier aufgezeigten Ansätze als erste mögliche Schritte verstanden werden – es braucht eine Vielzahl weiterer Ideen sowie vielfältiges Engagement aus Fachmathematik, Fachdidaktik und allen an der Lehramtsausbildung beteiligten Bereichen. Um die aktuellen Herausforderungen zu bewältigen, sind zudem vonseiten der Bildungspolitik entsprechende Ressourcen sowie ein überlegter Einsatz der Mittel erforderlich. Die Studierenden benötigen ein Bewusstsein dafür, dass die Vorbereitung auf die Anforderungen ihres künftigen Berufs in einem Spannungsfeld zwischen fachbezogenem Fördern und Fordern liegt und nur mit substanzieller mentaler Anstrengung gelingt. Und schließlich ist mit Blick auf die Gesellschaft insgesamt zu wünschen, dass Professionalisierung der Unterrichtenden und weitere Bewusstseinsbildung bei den Außenstehenden dazu führen, dass das Ansehen des Lehrerberufs wieder gestärkt wird.

Was Sie aus diesem *essential* mitnehmen können

- Eine Situationsanalyse zu Problemen des Lehramtsstudiums im Fach Mathematik
- Ein Stufenmodell zu Ebenen des Mathematikverständnisses auf Hochschulniveau
- Beispiele, wie Lehramtsstudierende auch bei begrenztem Studienvolumen auf höhere Ebenen des Mathematikverständnisses geführt und zu entsprechenden Reflexionen angeregt werden können
- Beispiele, wie Brückenschläge zwischen den beiden Fachkulturen in Schule und Hochschule vorgenommen werden können.

T. Bauer und L. Hefendehl-Hebeker, *Mathematikstudium für das Lehramt an Gymnasien,* essentials, https://doi.org/10.1007/978-3-658-26682-0

Literatur

Ableitinger, C., Hefendehl-Hebeker, L., & Herrmann, A. (2013). Aufgaben zur Vernetzung von Schul-und Hochschulmathematik. In H. Allmendinger, K. Lengnink, A. Vohns, & G. Wickel (Hrsg.), *Mathematik verständlich unterrichten. Perspektiven für Unterricht und Lehrerbildung* (S. 217–233). Wiesbaden: Springer Spektrum.

Bauer, T., & Partheil, U. (2009). Schnittstellenmodule in der Lehramtsausbildung im Fach Mathematik. *Mathematische Semesterberichte, 56,* 85–103.

Bauer, T. (2012). *Analysis – Arbeitsbuch. Bezüge zwischen Schul- und Hochschulmathematik, sichtbar gemacht in Aufgaben mit kommentierten Lösungen*. Wiesbaden: Springer Spektrum.

Bauer, T. (2013). Schnittstellen bearbeiten in Schnittstellenaufgaben. In C. Ableitinger, J. Kramer, & S. Prediger (Hrsg.), *Zur doppelten Diskontinuität in der Gymnasiallehrerbildung* (S. 39–56). Wiesbaden: Springer Spektrum.

Bauer, T. (2013). Schulmathematik und universitäre Mathematik – Vernetzung durch inhaltliche Längsschnitte. In H. Allmendinger, K. Lengnink, A. Vohns, & G. Wickel (Hrsg.), *Mathematik verständlich unterrichten. Perspektiven für Unterricht und Lehrerbildung* (S. 235–252). Wiesbaden: Springer Spektrum.

Bauer, T., Gromes, W., & Partheil, U. (2016). Mathematik verstehen von verschiedenen Standpunkten aus – Zugänge zum Krümmungsbegriff. In A. Hoppenbrock, R. Biehler, R. Hochmuth, & H.-G. Rück (Hrsg.), *Lehren und Lernen von Mathematik in der Studieneingangsphase* (S. 483–499). Wiesbaden: Springer.

Bauer, T. (im Druck). Peer Instruction als Instrument zur Aktivierung von Studierenden in mathematischen Übungsgruppen. *Mathematische Semesterberichte*.

Bauer, T. (2017). Schulmathematik und Hochschulmathematik – Was leistet der höhere Standpunkt? *Der Mathematikunterricht, 63,* 36–45.

Bauer, T. (2018). Enkulturation durch fachmathematische Lehrveranstaltungen im gymnasialen Lehramtsstudium – Hürden und Ansätze (Preprint).

Bauer, T. (2018). Schnittstellenaufgaben als Ansatz zur Vernetzung von Schul- und Hochschulmathematik: Design-Iterationen und Modell. In Fachgruppe Didaktik der Mathematik der Universität Paderborn (Hrsg.), *Beiträge zum Mathematikunterricht 2018* (S. 201–204). Münster: WTM.

Bauer, T., & Hefendehl-Hebeker, L. (2018). Das gymnasiale Lehramtsstudium – Widerstreitende Anforderungen und vermittelnde Ansätze. In Fachgruppe Didaktik der

T. Bauer und L. Hefendehl-Hebeker, *Mathematikstudium für das Lehramt an Gymnasien,* essentials, https://doi.org/10.1007/978-3-658-26682-0

Mathematik der Universität Paderborn (Hrsg.), *Beiträge zum Mathematikunterricht* (S. 9–16). Münster: WTM.

Bauer, T., Müller-Hill, E., & Weber, R. Fostering subject-driven professional competence of pre-service mathematics teachers – A course conception and first results. *Hanse-Kolloquium zur Hochschuldidaktik der Mathematik 2016* (im Druck).

Bauersfeld, H. (1993). Teachers pre and in-service education for mathematics teaching. *Seminaire sur la Representation*, 78. Canada: CIRADE, Université du Quebec à Montreal.

Bauersfeld, H. (2000). Radikaler Konstruktivismus, Interaktionismus und Mathematikunterricht. In E. Begemann (Hrsg.), *Lernen verstehen – Verstehen lernen* (S. 117–144). Frankfurt a. M.: Lang.

Berendonk, S. (2014). *Erkundungen zum Eulerschen Polyedersatz: Genetisch, explorativ, anschaulich*. Wiesbaden: Springer Fachmedien.

Beutelspacher, A., Danckwerts, R., Nickel, G., Spies, S., & Wickel, G. (2011). *Mathematik neu denken. Impulse für die Gymnasiallehrerbildung an Universitäten*. Wiesbaden: Springer Fachmedien.

Biehler, R., Hochmuth, R., Klemm, J., Schreiber, S., & Hänze, M. (2012). Fachbezogene Qualifizierung von MathematiktutorInnen – Konzeption und erste Erfahrungen im LIMA-Projekt. In M. Zimmermann, C. Bescherer, & C. Spannagel (Hrsg.), *Mathematik lehren in der Hochschule – Didaktische Innovationen für Vorkurse, Übungen und Vorlesungen* (S. 45–56). Hildesheim, Berlin: Franzbecker.

Biehler, R., & Kempen, L. (2015). Entdecken und Beweisen als Teil der Einführung in die Kultur der Mathematik für Lehramtsstudierende. In J. Roth, et al. (Hrsg.), *Übergänge konstruktiv gestalten, Konzepte und Studien zur Hochschuldidaktik und Lehrerbildung Mathematik* (S. 121–135). Wiesbaden: Springer Spektrum.

Blömeke, S. (2009). Ausbildungs- und Berufserfolg im Lehramtsstudium im Vergleich zum Diplom-Studium – Zur prognostischen Validität kognitiver und psycho-motivationaler Auswahlkriterien. *Zeitschrift für Erziehungswissenschaft, 12*(1), 82–110.

Blum, W., & Törner, G. (1983). *Didaktik der Analysis* (Bd. 20). Göttingen: Vandenhoeck & Ruprecht.

Boero, P., Garuti, R., & Mariotti, M. A. (1996). Some dynamic mental processes underlying producing and proving conjectures. In P. Luis & A. Gutierrez (Hrsg.), *Proceedings of 20th conference of the IGPME* (Bd. 2, S. 121–128). Valencia: PME.

Brabazon, T. (2011). 'We've spent too much money to go back now': Credit-crunched literacy and a future for learning. *E-Learning and Digital Media, 8*(4), 296–314.

Brunner, M., et al. (2006). Welche Zusammenhänge bestehen zwischen dem fachspezifischen Professionswissen von Mathematiklehrkräften und ihrer Ausbildung sowie beruflichen Fortbildung? *Zeitschrift für Erziehungswissenschaft, 9*(4), 521–544.

Cramer, E., & Walcher, S. (2010). Schulmathematik und Studierfähigkeit. *Mitteilungen der DMV, 18*(2), 110–114.

Crouch, C. H., & Mazur, E. (2001). Peer instruction: Ten years of experience and results. *American Journal of Physics, 69*(9), 970–977.

Crouch, C. H., Watkins, J., Fagen, A. P., & Mazur, E. (2007). Peer instruction: Engaging students one-on-one, all at once. *Research-Based Reform of University Physics, 1*(1), 40–95.

Chi, M. T. (2009). Active-constructive-interactive: A conceptual framework for differentiating learning activities. *Topics in Cognitive Science, 1*(1), 73–105.

De Villiers, M. D. (1990). The role and function of proof in mathematics. *Pythagoras, 24,* 17–24.

Dietz, H. M. (2016). CAT – Ein Modell für lehrintegrierte methodische Unterstützung von Studienanfängern. In A. Hoppenbrock, R. Biehler, R. Hochmuth, & H.-G. Rück (Hrsg.), *Lehren und Lernen von Mathematik in der Studieneingangsphase. Herausforderungen und Lösungsansätze* (S. 131–147). Wiesbaden: Springer Fachmedien.

Dubinsky, E., & Harel, G. (1992). The nature of the process conception of function. In G. Harel & E. Dubinsky (Hrsg.), *The concept of function – Aspects of epistemology and pedagogy* (MAA Notes 25) (S. 85–105). Washington, DC: Mathematical Association of America.

Fonseca, B. A., & Chi, M. T. (2011). Instruction based on self-explanation. In R. E. Mayer & P. A. Alexander (Hrsg.), *Handbook of research on learning and instruction* (S. 296–321). New York: Routledge.

Foerste, U. (2017). Attrappe. *Forschung & Lehre, 10*(17), 849.

Freudenthal, H. (1973). *Mathematik als pädagogische Aufgabe* (Bd. 1,2). Stuttgart: Klett.

Garuti, R., Boero, P., & Lemut, E. (1998). Cognitive unity of theorems and difficulty of proof. In A. Olivier & K. Newstead (Hrsg.), *Proceedings of the 22th Conference of the International Group for the Psychology of Mathematics Education* (Bd. 2, S. 345–352). Stellenbosch: PME.

Grieser, D. (2013). *Mathematisches Problemlösen und Beweisen. Eine Entdeckungsreise in die Mathematik.* Wiesbaden: Springer Fachmedien.

Grieser, D. (2015). Mathematisches Problemlösen und Beweisen: Entdeckendes Lernen in der Studieneingangsphase. In J. Roth, T. Bauer, H. Koch, & S. Prediger (Hrsg.), *Übergänge konstruktiv gestalten. Ansätze für eine zielgruppenspezifische Hochschuldidaktik Mathematik* (S. 87–102). Wiesbaden: Springer Spektrum.

Hefendehl-Hebeker, L. (1995). Mathematik lernen für die Schule? *Mathematische Semesterberichte, 42,* 33–52.

Hefendehl-Hebeker, L. (2015). Die fachlich-epistemologische Perspektive als zentraler Bestandteil der Lehramtsausbildung. In J. Roth, T. Bauer, H. Koch, & S. Prediger (Hrsg.), *Übergänge konstruktiv gestalten. Ansätze für eine zielgruppenspezifische Hochschuldidaktik Mathematik* (S. 179–183). Wiesbaden: Springer Spektrum.

Hefendehl-Hebeker, L. (2016). Mathematische Wissensbildung in Schule und Hochschule. In A. Hoppenbrock, R. Biehler, R. Hochmuth, & H.-G. Rück (Hrsg.), *Lehren und Lernen von Mathematik in der Studieneingangsphase. Herausforderungen und Lösungsansätze* (S. 15–30). Wiesbaden: Springer Fachmedien.

Hilgert, J., Hoffmann, M., & Panse, A. (2015). *Einführung in mathematisches Denken und Arbeiten.* Berlin: Springer Spektrum.

Hoffmann, M. (2018). Schnittstellenaufgaben im Praxiseinsatz: Aufgabenbeispiel zur „Bleistiftstetigkeit" und allgemeine Überlegungen zu möglichen Problemen beim Einsatz solcher Aufgaben. In Fachgruppe Didaktik der Mathematik der Universität Paderborn (Hrsg.), *Beiträge zum Mathematikunterricht* (S. 815–818). Münster: WTM.

Hoffmann, M. (2019). Einsatz von Schnittstellenaufgaben in Mathematikveranstaltungen: Praxisbeispiele von der Universität Paderborn (Preprint).

Huber, L. (2009). *Warum Forschendes Lernen nötig und möglich ist. Forschendes Lernen im Studium. Aktuelle Konzepte und Erfahrungen* (S. 9–35). Bielefeld: UVW.

Huber, L. (2014). Forschungsbasiertes, Forschungsorientiertes, Forschendes Lernen: Alles dasselbe? Ein Plädoyer für eine Verständigung über Begriffe und Unterscheidungen im Feld forschungsnahen Lehrens und Lernens. *Das Hochschulwesen, 1*(2), 32–39.

Isaev, V., & Eichler, A. (2017). Measuring beliefs concerning the double discontinuity in secondary teacher education. In T. Dooley & G. Gueudet (Hrsg.), *Proceedings of the Tenth Congress of the European Society for Research in Mathematics Education* (S. 2916–2923). Dublin: DCU Institute of Education and ERME.

Klein, F. (1908). *Elementarmathematik vom höheren Standpunkte aus. Bd. I (Arithmetik, Algebra, Analysis)*. Leipzig: Teubner.

Laging, R., Hericks, U., & Saß, M. (2015). Fach: Didaktik – Fachlichkeit zwischen didaktischer Reflexion und schulpraktischer Orientierung. Ein Modellkonzept zur Professionalisierung in der Lehrerbildung. In S. Lin-Klitzing, D. Di Fuccia, & R. Stengel-Jörns (Hrsg.), *Auf die Lehrperson kommt es an? Beiträge zur Lehrerbildung nach John Hatties 'Visible-Learning'* (S. 91–116). Bad Heilbrunn: Julius Klinkhardt.

Lakatos, I. (1979). *Beweise und Widerlegungen – Die Logik mathematischer Entdeckungen*. Braunschweig: Vieweg.

Lehn, M. (o. D.). Wie bearbeitet man ein Übungsblatt? https://www.agtz.mathematik.uni-mainz.de/wie-bearbeitet-man-ein-uebungsblatt-von-prof-dr-manfred-lehn/. Zugegriffen: 19. Aug. 2017.

Macken-Horarik, M. (1998). Exploring the requirements of critical school literacy: A view from two classrooms. In F. Christie & R. Mission (Hrsg.), *Literacy and schooling* (S. 74–103). London: Routledge.

Mazur, E. (1997). Peer instruction: Getting students to think in class. In E. F. Redish & J. S. Rigden (Hrsg.), *The changing role of physics departments in modern universities* (S. 981–988). Woodbury: The American Institute of Physics.

Pedemonte, B. (2002). Relation between argumentation and proof in mathematics: Cognitive unity or break. In J. Novotná (Hrsg.), *European research in mathematics education II: Proceedings of the second conference of the European society for research in mathematics education* (Bd. 2, S. 70–80). Mariánské Lázne: Charles University, Faculty of Education and ERME.

Peirce, C. S. (1931–1958). *Collected papers* (Bd. I–VIII). Cambridge: Harvard University Press.

Pieper-Seier, I. (2002). Lehramtsstudierende und ihr Verhältnis zur Mathematik. In W. Peschek (Hrsg.), *Beiträge zum Mathematikunterricht. Vorträge auf der 36. Tagung für Didaktik der Mathematik vom 25. Februar bis 1. März 2002 in Klagenfurt* (S. 395–398). Hildesheim: Franzbecker.

Polya, G. (1969). *Mathematik und plausibles Schliessen. Band 1: Induktion und Analogie in der Mathematik*. Basel: Birkhäuser.

Prediger, S., & Hefendehl-Hebeker, L. (2016). Zur Bedeutung epistemologischer Bewusstheit für didaktisches Handeln von Lehrkräften. *Journal für Mathematik-Didaktik, 37*(1), 239–262.

Radford, L. (2010). Signs, gestures, meanings: Algebraic thinking from a cultural semiotic perspective. In V. Durand-Guerrier, S. Soury Lavergne, & F. Arzarello (Hrsg.), *Proceedings of the Sixth Congress of the European Society for Research in Mathematics Education. January 28th–February 1st 2009, Lyon (France)*. Lyon: INRP.

Reinmann, G. (2016). Gestaltung akademischer Lehre: Semantische Klärungen und theoretische Impulse zwischen Problem-und Forschungsorientierung. *Zeitschrift für Hochschulentwicklung, 11*(5), 225–244.

Renkl, A. (2011). Aktives Lernen: Von sinnvollen und weniger sinnvollen theoretischen Perspektiven zu einem schillernden Konstrukt. *Unterrichtswissenschaft, 39*(3), 197–212.

Schreiber, A. (2011). *Begriffsbestimmungen: Aufsätze zur Heuristik und Logik mathematischer Begriffsbildung*. Berlin: Logos.

Seaman, C., & Szydlik, J. (2007). Mathematical sophistication among preservice elementary teachers. *Journal of Mathematics Teacher Education, 10,* 167–182.

Selden, J., & Selden, A. (1995). Unpacking the logic of mathematical statements. *Educational Studies in Mathematics, 29*(2), 123–151.

Sfard, A. (1995). The development of algebra: Confronting historical and psychological perspectives. *Journal of Mathematical Behavior, 14,* 15–39.

Sfard, A. (2000). Symbolizing mathematical reality into being – Or how mathematical discourse and mathematical objects create each other. In P. Cobb, E. Yackel, & K. McClain (Hrsg.), *Symbolizing and communicating in mathematics classroom. Perspectives on discourse, tools and instrumental design* (S. 7–98). Maywah: Lawrence Erlbaum Associates.

Tall, D., & Vinner, S. (1981). Concept image and concept definition in mathematics with particular reference to limits and continuity. *Educational studies in mathematics, 12*(2), 151–169.

Toeplitz, O. (1928). Die Spannungen zwischen den Aufgaben und Zielen der Mathematik an der Hochschule und an der höheren Schule. *Schriften des deutschen Ausschusses für den mathematischen und naturwissenschaftlichen Unterricht, 11*(10), 1–16.

Toeplitz, O. (1931). Das Verhältnis von Mathematik und Ideenlehre bei Plato. In *Quellen und Studien zur Geschichte der Mathematik, Astronomie und Physik* (Bd. 1, S. 3–33). Berlin: Springer (Wieder abgedruckt in: Perilli, L. (Hrsg.) (2013). *Logos. Theorie und Begriffsgeschichte* (S. 19–44). Darmstadt: Wissenschaftliche Buchgesellschaft).

Toeplitz, O. (1932). Das Problem der „Elementarmathematik vom höheren Standpunkt aus". *Semesterberichte zur Pflege des Zusammenhangs von Universität und Schule aus den mathematischen Seminaren, 1*, 1–15.

Vohns, A. (2018). Mathematische Bildung am Ausgang ihrer Epoche? Keine bloß rhetorische Frage. In Fachgruppe Didaktik der Mathematik der Universität Paderborn (Hrsg.), *Beiträge zum Mathematikunterricht* (S. 49–56). Münster: WTM.

Wentzel, K. R., & Watkins, D. E. (2011). Instruction based on peer interactions. In R. E. Mayer & P. A. Alexander (Hrsg.), *Handbook of research on learning and instruction* (S. 322–343). New York: Routledge.

Weich, T., & Hoffmann, M. (2017). Exkursinhalte in der fachmathematischen Lehramtsausbildung: Wie man das Wesen und die Rolle der Mathematik vermittelt. *Die hochschullehre, 3.*

Wille, R. (2005). Mathematik präsentieren, reflektieren, beurteilen. In K. Lengnink & F. Siebel (Hrsg.), *Mathematik präsentieren, reflektieren, beurteilen* (S. 3–19). Mühltal: Verlag Allgemeine Wissenschaft.

Winter, H. (1972). Vorstellungen zur Entwicklung von Curricula für den Mathematikunterricht in der Gesamtschule. In Der Kultusminister des Landes Nordrhein-Westfalen (Hrsg.), *Beiträge zum Lernzielproblem* (S. 67–69). Ratingen: Henn.

Winter, H. (1983). Über die Entfaltung begrifflichen Denkens im Mathematikunterricht. *Journal für Mathematik-Didaktik, 4*(3), 175–204.

Winter, H. (1984). Begriff und Bedeutung des Übens im Mathematikunterricht. *Mathematik lehren, 2,* 4–16.

Wittman, E Ch. (2016). Wie die mathematische Community der Abwicklung des Unterrichts entgegen wirken könnte – Wenn sie wollte. *Mitteilungen Mathematische Gesellschaft in Hamburg, 36,* 81–102.

Zeidler, E. (2009). Gedanken zur Zukunft der Mathematik. In H. Wußing (Hrsg.), *6000 Jahre Mathematik. Eine kulturgeschichtliche Zeitreise – 2. Von Euler bis zur Gegenwart* (S. 553–586). Berlin: Springer.